卡倫‧托洛桑
（KAREN TOROSYAN）

烤派之王的
祕密與
技藝

波札（BOZAR）餐廳

烤派之王的祕密與技藝

Karen Torosyan: Secrets et techniques d'un cuisinier orfèvre

作　　者	卡倫‧托洛桑 KAREN TOROSYAN、增井千尋 CHIHIRO MASUI
攝　　影	李察‧荷頓 RICHARD HAUGHTON
譯　　者	粘耿嘉
責任編輯	賴逸娟
中文排版	謝青秀
封面設計	敘事設計
行銷企畫	陳詩韻
總 編 輯	賴淑玲
出 版 者	大家出版／遠足文化事業股份有限公司
發　　行	遠足文化事業股份有限公司（讀書共和國出版集團）
	231 新北市新店區民權路 108-2 號 9 樓
電　　話	02-2218-1417
傳　　真	02-8667-1851
劃撥帳號	19504465　戶名：遠足文化事業股份有限公司
法律顧問	華洋法律事務所 蘇文生律師
定　　價	新台幣 1500 元
初版一刷	2024 年 1 月
I S B N	978-626-7283-52-3（精裝）

國家圖書館出版品預行編目資料

烤派之王的祕密與技藝／卡倫‧托洛桑（Karen Torosyan）、增井
千尋（Chihiro Masui）作；粘耿嘉譯 .-- 初版 .-- 新北市：大家出版：
遠足文化事業股份有限公司；發行，2024.1
　面；公分
譯自：Karen Torosyan: Secrets et techniques d'un cuisinier orfèvre
ISBN 978-626-7283-52-3（精裝）
1. 食譜 2. 烹飪 3. 法國
427.12　　　　　　　　　　　　　　　　　　　112020198

卡倫·托洛桑
（KAREN TOROSYAN）

烤派之王的
祕密與
技藝

波札餐館

增井千尋（CHIHIRO MASUI）

李察·荷頓（RICHARD HAUGHTON）

目次

高貴而獨特的匠人精緻料理

應該是 2015 年 12 月的某天早上，我在網路上看到一張照片。照片圖說寫著那是一道「法式肉派」（pâté-croûte）。它呈現閃亮或漆皮般的赤褐色澤，完整而精雕細琢，既深沉又豔麗，就像是被好幾代的主人珍惜並擦亮的古董家具一樣。這就是我想像中安東尼·卡漢姆（Antonin Carême）宏偉構築的模樣，那些主要、沉重及高貴的裝置，來自過往的年代，彼時的一切盡皆輝煌而衰落。

然而，「法式肉派」卻不是我特別喜愛的一道菜。它的傳統內涵讓我感到窒息，酥皮堅硬但易碎，既乾又潮，餡料的質地和味道也不穩定。

那張照片裡的一整塊肉派讓人無法猜透它入口的質地會是如何，也讓人無法得知餡料摻雜了什麼。許多問題在我的腦海中反覆迴盪。它是否易於咬嚼、好入口、好吞嚥？酥皮會不會和它美麗木質家具般的外表一樣堅硬？第二張照片呈現的，是擺放在一只盤子上的一塊肉派切片。中間有一輪完美的肥肝，加上精美散布的肉塊和油脂。另外還有規則排列成兩行的六粒蔬食，不曉得是開心果還是蘑菇。這樣的幾何排列好入口嗎？美味可口嗎？這種完美的對稱難道不會像一坨硬塊，就好比一條放久了的凍腸嗎？

我讀了照片底下的圖說。

「卡倫·托洛桑是布魯塞爾波札餐館（Bozar Brasserie）的主廚，他於 2015 年的『法式肉派世錦賽』中，以比戈爾（Bigorre）產黑豬肉、鴨肉及鵝肝製成的『貴族法式肉派』摘下冠軍頭銜。」得主是亞美尼亞人？在比利時？誰會把「法式肉派」做得比艾斯可菲（Escoffier）更道地？

布魯塞爾之旅

從那天起，我在哪裡都會看到一張照片。總是這同一道「法式肉派」，看來有著難以置信的完美無瑕。然後有一天，一道「庫利比亞克」（koulibiak）出現了。它威嚴而龐大，比「法式肉派」要大得多。我不得不搜尋我的記憶，因為縱使這名稱我不陌生，但只有在翻開艾斯可菲的《烹飪指南》（Le Guide culinaire）時，我才遙想起幾十年前吃過一次「庫利比亞克」。那是一種軟熱的派餅，切開後有過熟的鮭魚和菠菜，上面覆蓋著濃稠的醬汁。這是一道過時、陳舊的菜餚，很久沒有人會做了。

但是這位先生所製作的「庫利比亞克」顯然非常酥脆，呈現出「國王派」般夢幻的金黃色澤，餡料也不同，原本的米由我無法辨識的黑色穀物取代，而且鮭魚似乎外熟內生……這愈來愈讓人感到好奇。

一年過去，突然間，有一張「皮蒂維耶酥皮餅」（pithiviers）的照片出現在我面前。不久前，我和主廚埃里克·布里法（Éric Briffard）合著了一本書。對我來說，他的「皮蒂維耶酥皮餅」堪稱法國美食史上的註冊商標，與之齊名的，還有保羅·博古斯（Paul Bocuse）的「季斯卡黑松露酥皮湯」（VGE）、阿蘭·桑德朗（Alain Senderens）的「阿彼修斯香料血鴨」（canard Apicius）以及貝爾納·帕科（Bernard Pacaud）的「黑松露千層酥」（tourte de truffe noire）。我品嚐過無數「皮蒂維耶酥皮餅」，沒有一個能夠與布里法的「皮蒂維耶酥皮餅」相提並論。我的好奇心到了頂。

我傳了一則簡訊給這位布魯塞爾的主廚。

「我可以到您的餐館用餐嗎？我對您的廚藝非常感興趣。」

主廚很快就回覆了。

「這將是我的榮幸，我是您最忠實的粉絲！星期五嗎？您想吃什麼？」

「我不知道耶。您的『法式肉派』讓我很感興趣。我已經 40 年沒有吃到『庫利比亞克』了。而您的『皮蒂維耶酥皮餅』引起了我的好奇心。」

「我會在星期五的 12 點 30 分等您到來。」他簡短地回答。

這就是我來到波札餐館的緣由。這地點從外頭看很低調，客人甚至會懷疑入口在哪裡。不過一推開門，餐館的室內空間則讓人訝異。內部呈現出建築師維克多·奧塔（Victor Horta）的裝飾藝術風格，1928 年即已建成，以前是作為酒吧／吸菸室，其偌大的空間令人驚歎。它占地 218 平方公尺（66 坪），在所保留的原始結構中劃分為兩部分，側邊擺有幾排長凳，中央放置圓桌。後方有一個開放式廚房，裡面有幾位廚師忙碌著。

「您好，女士，歡迎光臨。」他們對我說道。接著帶我到幫我保留的那張桌子。我正要坐下，但主廚已經等在那裡了，他張開雙臂，好像我們已經是世上最要好的朋友。有別於外場中那些身材高大且偏金髮的男性服務員，主廚身材健壯結實，毛髮十分黝黑，行走的姿態就像一個世故的人，一條毛巾就掛在廚師服肩上。

「您的火車是幾點呢？」他劈頭就問。

「您不用擔心，我們還有時間。而且我很餓！」

　　我在波札餐館的第一頓餐點就這麼展開……我既見識到又品嚐到精確的典範。我上一次見到對料理如此挑剔、嚴謹、偏執於完美者，可追溯到 1996 年的侯布雄（Joël Robuchon）餐廳。

　　開胃菜是一個小泡芙，外表看起來很簡單。可能加了帕馬森起司。當我天真地一口咬下時，頓時感到訝異和驚奇。酥脆……一名記者朋友告訴過我，他被禁止使用這個形容詞。我們確實用它來形容任何輕浮的糕點或者任意一種炸食。但是卡倫・托洛桑的泡芙外殼重新定義了這個形容詞，或者該說，他重新賦予這個形容詞屬於他自己的意義。它的酥脆令人瞠目結舌。它在口齒間抗拒了短短一瞬。接著，牙齒輕柔而堅決地將它咬碎。它既不鬆軟，也不會太乾。它既不會太硬，也不會太潮，沒有絲毫瑕疵及不均勻之處，這泡芙殼質地絕對均勻。然而，它的均勻口感無論何時都不會令人感到乏味。要如何做到如此規整卻又不乏味？它高貴、單純且絕對完美，它的輕盈讓人想像製作它需要多久的思考時間。意味深重，卻也輕如鴻毛。這顆泡芙非比尋常。撇開卓越之外，還有別的，是一種比好還好的品質。是精確度？是純粹度？還是化不可能為可能？

　　不過下一道菜接著上桌了。「萊芒湖（Lac Léman）白鮭，類似醃製鮭魚（Gravlax），搭配番茄、薑及香菜。請慢用！」主廚說道。我拿起湯匙，悄悄地在盤內攪動一番。底部有一層薄薄的膠凍。在還沒嗅到香氣並嚐上一口之前，我就為番茄著迷了。黃色、紅色、橙色和綠色，大小不一的番茄都已經去皮，甚至連最小的櫻桃番茄也不例外。如此細心處理，它們看起來就像彈珠一樣。你見過剝皮後的番茄那種略為粗糙的表面嗎？噢不，這裡可沒有。它們光滑無瑕，就好像經過拋光。可是沒有皮，這也太神奇了吧？

　　魚肉的質地純淨、緊實。風味也是同樣澄澈，但維持著一派優雅。或許我潛意識預期的是更粗獷率性的口味，畢竟是出自於一名專長在肉派的主廚。但實際上它卻像一個小小的祕密湧泉，從岩石裂縫中流出的泉水，一切都如此清澈且細緻。

　　「小牛頭肉佐小灰蝸牛（petit-gris）、香料草汁。請慢用！」小牛頭肉的烹調非常出色，膠凍部分在恰好從稜角開始失去形狀之前，便出現該有的入口即化。我再度對這口味的澄澈感到驚豔。有些人可能比較喜歡味道更濃烈的小牛頭肉，更有肉的風味。不過沒人能否認這道菜的精緻程度，它絕對是一道高級訂製的招牌菜。

　　「庫利比亞克待會就上桌，它已經烤好了。我先為您端上一些小東西，以免您覺得無聊。」主廚說道。

「已經上了好幾道不小的小東西了（份量完整且大方）……請問您特地為我做了什麼『酥皮』類餐點？」

「當然是『法式肉派』！還有『庫利比亞克』，和一個『皮蒂維耶酥皮餅』。」

「這麼多！」我大叫，有點驚慌失措。

「您從巴黎來，我可不會讓您空著肚子回去。」主廚說道，他的雙眼閃爍著笑意。

　　我不會描述那個在比利時境內乃至歐洲都名聞遐邇的「法式肉派」。世界各地的美食家都前來品嚐它。當我離開幾個月後，我開始有點忘記它了。畢竟，見異思遷的我告訴自己，它就是個「法式肉派」而已。不過只要我重新品嚐這道菜，我就會再度臣服。酥皮的質地鬆脆、輕盈且緊緻。餡料的口感隨著切片由上而下循序漸進，變得愈來愈深刻。膠凍雖薄，卻帶有濃郁風味。總之，每一口吃到的質地都有所不同，從酥皮的柔順和輕盈，開心果的柔脆，肥肝的豐腴滑順，鴨的肉感，再到把這些部分結合起來，三三兩兩一組分別取用，或把豬肉餡料所黏著的所有部分一起入口。醃漬胡蘿蔔和球莖甘藍時而呈現螺旋狀，時而呈現碎末狀。還有我最愛的醃黃瓜（卡倫說是「我和我女兒在放假期間一起採摘和準備的」），我好像從中尋得了主廚的根源。它們略甜而不會鹹，且帶有些微的蒔蘿味，恰到好處的酸度在口中產生愉悅的清爽口感。

「庫利比亞克」和「皮蒂維耶酥皮餅」

　　起初卡倫・托洛桑想成為珠寶師傅，但種種情況造成不同的轉折。因為家境並不富裕，他 13 歲時為了賺點小錢而進入提比里斯（Tbilissi）一家速食店廚房工作，為了維生而在不同廚房間往返奔波，直到他們一家移民到比利時。當時他 18 歲，一句法語都不會。他的第一個職位是在伊克塞勒（Ixelles）的一間大餐廳當洗碗工。後來他升為廚房助理，但對這份他沒得選擇的工作並沒有熱情。至於法語……他是周旋在成堆工作中去上夜校學的。

這名亞美尼亞年輕人在布魯塞爾發現了什麼呢？我們都知道亞美尼亞的歷史，它是前蘇聯加盟國，在柏林圍牆倒塌後，東方集團（bloc de l'Est）的解體過程經常是暴力的。卡倫經歷過這段歷史上的複雜年代，但他很少提起。直到我勤快地去他的餐廳用餐 2 年後，我們成了朋友，我才得知他的母語是什麼。純粹是因為他的母親打電話給他，而我聽到他們的對話。

　　「你跟你媽媽說俄語嗎？」
　　「是啊！我跟我爸爸和姊妹們講話也是用俄語。妳知道，我是在蘇聯出生的。」
　　「啊……這倒是。我從來沒想過。」
　　「我是在共產主義時期長大的。愛國歌曲、每所學校裡都有列寧雕像、晚間新聞時會播放蘇聯國歌……這些都是我的童年。」
　　「你是喬治亞人嗎？還是亞美尼亞人？」
　　「啊，才不是呢！我不是喬治亞人。我雖然是在喬治亞的提比里斯出生，但我是亞美尼亞人！」
　　我感覺自己好像犯了很嚴重的錯誤。
　　「這就是為何我會熟悉俄羅斯的文化。『庫利比亞克』就是從那裡來的。艾斯可菲把它帶回法國，但他加了米和白醬。不過，雖然俄羅斯的米很多，卻不是土產，米源自中國。而「卡莎」[1] 則相對是本土的。所以我又把蕎麥加了進去。不過我保留了法式版本的酥皮（feuilletage），比俄羅斯的皮羅什基塔皮麵團（pâte à pirojki）更美味。我覺得酥皮真的比布里歐許麵團（pâte à brioche）還要好。」[2]

　　酥皮滿覆著奶油及香氣，在炙熱狀態下外皮酥脆，內心柔軟濕潤。餡料豐富，同時保留著一股鄉村田園般的香氣及若干綠意，且口感變化無窮：酥皮的柔軟度雖然不是很飽滿，卻仍然充足，菠菜纖維柔順，略微的苦味與蕎麥極輕盈的粗糙口感交織結合。每一顆蕎麥粒的外皮都在咬合間微妙地抵抗著，不過隨著愉悅地咬入核心，便帶出令人驚訝的雅致。透過極為專業的烹調，鮭魚顯得鬆軟，且同樣展現不同層次的質地，每一層都蘊含著倍增的風味。外圍熟透，未熟的中心溫潤……對絕對需要經過長時間在烤箱烹調的派餅來說，是什麼樣的神蹟才能做到如此程度？驚人的幸福口感伴隨著風味的變化，而這變化彼此間具有無盡的細微差異。這裡所談及的滋味遠遠不只是鹹或甜、多汁或海鮮而已。
　　我從未想到艾斯可菲的經典作品可以如此純粹且精緻。是經典恆久遠嗎？不止，少說也是永流傳。我感覺置身於一個複雜到令人敬畏的樂高遊戲前，它是由一個瘋狂的造物主所組合而成。經典料理萬歲……

　　「女士，這是用莉莉安‧布爾戈[3] 飼養的鴨所製作的血鴨鴨胸加鵝肝做的『皮蒂維耶酥皮餅』。餡料部分由紅酒油封鴨腿肉和沙地蘿蔔做成。請慢用！」儀態優雅的外場經理對我說道。

　　烹調，厚度，餡料，風味，香氣，聲音，輝煌，奢華。
　　我置身於另一世界。儘管餐廳座無虛席，嘈雜的聲音卻像魔法般消失。如此美麗……這種體驗很不真實。
　　卡倫告訴我他熬夜學習埃里克‧布里法的「皮蒂維耶酥皮餅」。「我把書讀了一遍又一遍，試著理解它。突然間，我抬起頭，因為我聽到鳥兒在唱歌。我整晚都專注在『皮蒂維耶酥皮餅』上，甚至渾然不覺。」
　　卡倫的「皮蒂維耶酥皮餅」與大師的版本有所不同，也許更現代化。在風味上，因為使用的是鴨而不是野味，所以味道沒有那麼濃烈。但除此之外，一切都面面俱到。鴨肉多汁。肥肝帶來法國料理中不可或缺的獨特風味。這道菜有輕盈、蓬鬆、豐富的絕佳酥皮，派皮上的溝紋不是徒具裝飾性而已。這些條紋有其意義，不單純只是生麵團在烘烤時膨脹而延展的物理現象。金黃色的帶狀部分在初次觸碰時觸感光滑，隨即轉為鬆脆，在酥鬆中帶有空氣感。它的淺色處細長，且「烤得不算太熟」，就像在麵包店看到的長棍麵包一樣。一如床的彈簧那般，兩種質地的交替，讓風味變得更加複雜且完整。圍繞著圓頂酥皮外殼的軸環狀裝飾細緻之餘，還更堅固，使圓頂外殼得以挺立並完整接合。沒有絲毫僥倖。一切細節都考慮周到。貌似「小耳朵」的可愛突出物完美膨起，吸附豪華的佩里格松露醬汁（sauce Périgueux），極具奢華美味。用手指拿起，啃咬鬆脆滋潤的滋味……

1　卡莎（kasha）可指俄羅斯人平日食用的各種穀物食品或粥糊，亦可指蕎麥。編注
2　庫利比亞克的派皮外殼通常是用布里歐許麵團或是酥皮製作而成。編注
3　莉莉安‧布爾戈（Liliane Burgaud）是法國貴族鴨種夏隆鴨（canard de Challandais）的供應商，夏隆鴨是製作血鴨的不二選擇，每隻鴨都有編號。編注

一道華麗的精緻佳餚

「在比利時，烹飪開始吸引我……這就是我去報名餐旅學校的原因。我當時 22 歲。大多數學生比我年輕，他們唯一的目標就是成為高級料理的主廚。我甚至不知道那是什麼！我意識到自己起步已經落後，並開始研究法國的經典名菜。這成為了我的熱情所在。」

卡倫‧托洛桑。他以其肉派及派餅聞名於世，但有時我們會忽略他的料理。然而，他的料理同樣絕美，和他的「酥皮」同樣到位，且精緻度同樣令人讚嘆。這個在料理界中被濫用的詞彙，放在這裡似乎非常貼切。除了臻至完美的烹飪及注重細節的準備之外，令人驚豔的是這種料理的精緻口感。這種精緻，指的是精煉、輕盈及曇花一現之意。這種特性極為珍貴，如同一顆流星，當我們面對一個霎那間完食的空盤時，那份回憶將會長時間保存在記憶之中。

比如說，這裡用到的醬汁比過去使用的醬汁水分更多，但具有同樣的濃郁風味；金黃色的可內樂（quenelle）如泡沫般入口即化；蘆筍烹調至彈牙程度，保留了初春的鮮美，同時凸顯了蔬菜的天然甜味；烹調完美的牛肉片，在舌尖上宛如輕撫肌膚的絲緞，極盡柔嫩卻無絲毫軟弱。

這種屬於當代的精緻風味無法一眼望穿，因為在這料理之中，存在著一種忠於經典名菜的自主意識。

「我有什麼資格重新詮釋其他人已經做了 30 年的菜？我想留下屬於我自己的痕跡，是的，但我不會去破壞、貶低前輩主廚們在我之前所做的一切工作。」

作為在波札餐館領薪水的主廚 7 年後，卡倫於 2018 年與他的伴侶娜妮－李（Nani-Lee）一起把這間餐館買下，並改名為波札餐廳（Bozar Restaurant）。他的料理維持不變。除了可能增加了某種自由度，或者還可說是增加了某種自信心？這從他的新菜單特別增設「我的酥皮」項目中便可看出，不禁令人會心一笑，並滿心期待。在這個項目裡可以找到「庫利比亞克」、「皮蒂維耶酥皮餅」、「法式千層酥」（millefeuille）……這位藝術家的所有寶藏，還有一道新菜色，即「皇家山（Mont-Royal）鴿佐肥肝及鰻魚」。

從外觀上看，它的切面乾淨俐落。具有清晰的白色、粉紅色及紅色分層，線條筆直。卡倫在這道料理上費時數月。首先是生麵團，該用酥皮還是非酥皮？鴿子放上層，鰻魚放下層，還是反過來？肥肝該切成 5 公釐還是 10 公釐厚？在最後一位客人離開後的凌晨 3 點，我們可以在這個開闊的廚房裡找到這位主廚，他獨自一人在裡頭忙碌著，像過去那些偉大的主廚那樣對待料理。經過無數次小心翼翼的嘗試，只為最終將一道菜推上菜單。這靠的是日常的自發性，正好與 21 世紀的料理相反……或者並不如此？這難道不是回到未來？在這未來裡的大廚重新找回其往昔的定位，亦即藝術家的定位，這是無庸置疑的，但也特別是專家的定位，這樣的專家做出來的東西，是一個新手再怎麼樣都無法在自家中複製出來的，難道不是如此嗎？卡漢姆、艾斯可菲……這些所謂的廚皇之所以能異於一般大廚，除了無庸置疑的創造力之外，還特別在於他們以偉大及嚴謹的情操去實現其繁複的創作。

那麼這道鴿佐鰻魚如何呢？它的酥皮是由瓦片狀生麵團所製成，上面綴撒著帶有烘烤香氣的芝麻，刀子一劃便碎裂開來並露出內餡。光是酥皮本身就已經很好吃了，但更重要的是它作為一個極佳烹飪容器的角色。鰻魚美味多汁而扎實。它的口感豐厚，同時帶有約略油潤、微微煙燻、甜美且強烈的滋味。肥肝充實且豐富的鮮味讓口感更加完整。鴿子因為是肉品的關係，在食材裡最易顯得乾柴，但它卻有著多汁且不肥膩的口感，直教人感到驚豔。這三樣既能單獨享用，也能一道品嚐，它們的湯汁交融，構成無盡的多樣滋味，彼此滲透交織，伴隨著鴿與紅酒混合的醬汁，令人愉悅的酸味中帶有細緻的辛香，浸覆著餐盤，形成一個完美的鏡面。

「我的祖父是泥水匠，我的父親也是泥水匠。謙卑且自豪於盡善盡美的工作，我是從這樣的職人世家一脈相承下來的。我感興趣的不是創造性，我不渴望成為偉大的藝術家。我想要成為優秀的職人，因為那是我承繼之所在。」

職人？是的，而且擅長於此！藝術家？絕對是。一個人能夠集結這麼多優點，難道不令人震驚嗎？當工藝被推向極致，且技術超越創造力時，職人即成為藝術家，一個派餅成為皇之佳餚。

言盡於此。這道料理精采絕倫，毋庸再議。

增井千尋 CHIHIRO MASUI

MISES EN BOUCHE
開胃菜

帕馬森起司鮮奶油小泡芙　Petit chou à la crème de parmesan

製作泡芙的詳細步驟請見 p.202。

50 份

泡芙生麵團

- 60 毫升牛乳
- 60 毫升水

帕馬森起司鮮奶油

- 50 公克新鮮刨絲帕馬森起司
- 1500 毫升牛乳
- 2.5 公克鹽
- 2.5 公克糖
- 50 公克奶油
- 75 公克麵粉
- 120 公克雞蛋
- 鹽、研磨胡椒粉
- 肉豆蔻

泡芙

準備好泡芙生麵團並裝入擠花袋後,將直徑 2.5 公分的泡芙放置在鋪有烤盤紙的烤盤上。

將生麵團冷凍一整夜。隔天把烤箱預熱至 250°C。將泡芙放進烤箱中。靜置放涼。

帕馬森起司鮮奶油

將帕馬森起司與牛乳放進長柄鍋中,開小火邊攪拌讓起司融化。融化後,再使用攪拌器攪拌,撒上極少許的鹽,並加入胡椒粉和肉豆蔻,靜置放涼後置入冰箱保存。待混料完全冷卻後,使用手持攪拌器攪拌均勻。裝入擠花袋中。

將泡芙放入烤箱中短暫回溫,再把頂部切開。

用冷鮮奶油填入熱的泡芙,放回切開的頂部並端上桌。

鯖魚肉醬佐檸檬奶油醬 *Rillettes de maquereau, condiment citron*

10份

鯖魚肉醬
- 兩份 200 公克至 300 公克的鯖魚
- 1 大匙美乃滋
- 1/2 小匙芥末
- 1/2 束蒔蘿（保留 10 枝於擺盤用）
- 1 或 2 顆手指檸檬[1]，上菜時使用
- 鹽、檸檬汁、卡宴（Cayenne）辣椒粉

春捲皮捲管
- 3 片法式春捲皮（feuilles de brick）
- 100 公克熱的澄清奶油（beurre clarifié）

海鮮醃漬（escabèche）醬汁
- 40 公克胡蘿蔔
- 40 公克旱芹
- 40 公克紅蔥頭
- 40 公克韭蔥
- 奶油
- 500 毫升干白酒（vin blanc sec）
- 5 顆杜松子　· 2 根丁香
- 2 片月桂葉　· 2 瓣蒜頭
- 1 束百里香　· 1 枝迷迭香
- 50 毫升白酒醋
- 鹽、研磨胡椒粉

檸檬奶油醬
- 6 顆黃檸檬
- 2 顆橙
- 25 公克細糖（sucre semoule）
- 15 公克奶油

鯖魚
將魚柳部位取下，從魚頭那端的邊緣剝除魚柳的第一層皮，再用鉗子去骨。將鯖魚擺放在有邊烤盤或扁盒中。

海鮮醃漬醬汁
將所有蔬菜切成小丁，放一點奶油以大火翻炒。以白酒收汁（déglacer），加入辛香料後煮至沸騰。以文火持續微微滾煮 5 分鐘。摻入鹽、胡椒粉，離火後加醋，隨即將醃漬醬汁倒在鯖魚上。蓋上蓋子，讓鯖魚靜置在醬汁中放涼。在室溫下靜置 1 小時，接著置於陰涼處。

肉醬
將鯖魚瀝乾，用兩根叉子將肉撕碎，加入美乃滋和芥末。一併將切碎的蒔蘿加入。再加入少量檸檬汁、卡宴辣椒粉及鹽提味。裝入擠花袋中並置於陰涼處保存。

春捲皮捲管
將春捲皮切成 4 份，接著將每份切成邊長 10 公分的正方形。裁剪 10 張 10×20 公分的長方形烤盤紙。烤盤紙上面用熱的澄清奶油塗抹，將春捲皮生麵團鋪放在烤盤紙的下半部分，在底部擺放一個直徑 1.5 公分大小的管子，把它捲起來。將捲管放在烤架上，使烤盤紙的開口朝下，將其固定在烤架的烤線之間。置入烤箱中以 165°C 烘烤 8 分鐘。趁熱的時候，把烤盤紙拿掉，並靜置放涼。

檸檬奶油醬
用削皮器削去檸檬和橙的皮。將皮放入從冷水煮至沸騰的水中汆燙。將橙和檸檬榨汁。把汆燙過的皮摻糖放入榨汁中，以文火微微滾煮 1 小時，勿煮沸。將混料加入奶油，並用攪拌器攪拌。過篩後置於陰涼處保存，接著裝入擠花袋。

擺盤
從捲管兩側將鯖魚肉醬填入。最後，擺放一點檸檬奶油醬、少許新鮮手指檸檬的果粒，及一枝蒔蘿。

1　手指檸檬（citron caviar）又稱檸檬魚子醬、指橙，原產於澳洲，裡面有一顆顆酷似魚子醬的果粒。編注

巴黎火腿慕斯　Mousse de jambon blanc de Paris

食材及小塔製作方式，詳見 p.194。

50 份

雞高湯
（3 公升高湯的量）
- 2 隻雞胸骨
- 1 根胡蘿蔔，切塊
- 1 顆洋蔥，釘入 1 根丁香
- 1 枝韭蔥，縱向對切
- 1 枝旱芹，切數段
- 1 顆杜松子
- 1/4 顆蒜頭，對切
- 百里香、月桂

美乃滋
（600 公克美乃滋的量）
- 2 顆雞蛋蛋黃
- 20 公克芥末
- 4.5 公克鹽
- 3 公克研磨胡椒粉
- 500 公克葡萄籽油
- 18 毫升白醋
- 少量水

慕斯
- 5 片（10 公克）吉利丁
- 200 公克液態鮮奶油
- 200 公克巴黎火腿，去皮
- 100 毫升雞高湯

黑蒜美乃滋
- 20 公克黑蒜
- 100 公克美乃滋
- 鹽之花

搭配上菜
- 醃黃瓜
- 10 枝山蘿蔔葉

雞高湯
　　將雞胸骨悉數放入鍋（marmite）中，加水蓋過雞胸骨，煮至沸騰，同時仔細撈掉浮沫。呈現清湯狀態時，加入辛香配料，再度煮至沸騰，必要時再撈掉浮沫，接著用文火滾煮 3 小時。過濾後，預取 100 毫升的量以便製作慕斯。剩餘高湯留作其他料理備用。

美乃滋
　　將蛋黃、芥末、鹽及胡椒粉混合，靜置 5 分鐘。將油加入後以打蛋器攪打，再加入白醋及水，繼續攪打 5 分鐘。預取 100 公克的量以製作黑蒜美乃滋。剩餘美乃滋留作其他料理備用。

慕斯
　　將吉利丁浸入冷水中。
　　攪打液態鮮奶油至接近打發，使之呈現緊緻但不過度的狀態，亦即用打蛋器舀起時，仍具有流動性[1]。將火腿切成小塊肉丁。將高湯伴火腿加熱，勿煮滾。用攪拌器攪混至細緻程度，過篩，加入擰乾後的吉利丁。靜置降溫。溫度降至 30 ℃時，加入打發的鮮奶油，用抹刀仔細攪拌。裝進擠花袋後，填入直徑 3.5 公分的半圓形矽膠模具。不加蓋並靜置於陰涼處一整夜。隔日再脫模。

黑蒜美乃滋
　　將蒜加入少許水中煮 5 分鐘。
　　瀝水後加一撮鹽之花，用杵搗碎，接著混入美乃滋。裝進擠花袋中。

擺盤
　　在每個小塔底部放置一根切成細長條狀或是少許切成細丁的醃黃瓜，接著將半圓球狀的火腿慕斯對準置入。在頂端擺放一點黑蒜美乃滋以及一枝小山蘿蔔葉。

1　類似濕性發泡。譯注

白起司小麵包片佐櫻桃蘿蔔　Tartine de fromage blanc au radis

10 份

白起司及櫻桃蘿蔔填料

- 1/2 束細香蔥
- 100 公克貝爾瑟爾（Beersel）白起司*
- 1 顆檸檬榨汁
- 20 顆櫻桃蘿蔔（以比利時產為佳）
- 鹽、胡椒、艾斯佩雷辣椒粉（piment d'Espelette）

吐司

- 乾掉的白吐司
- 100 公克溫澄清奶油

* 貝爾瑟爾白起司是在佛拉蒙布拉邦省（Brabant flamand）貝爾瑟爾生產的一種鮮起司。也可以用其他白起司或羊奶起司（faisselle）替代。

白起司及櫻桃蘿蔔填料

將細香蔥切碎。再把起司、細香蔥、檸檬汁、鹽、胡椒和艾斯佩雷辣椒粉加以混合。將櫻桃蘿蔔清洗、去蒂後，切成絲狀。

吐司

將吐司置入冰箱內放乾，形成極不新鮮的狀態。用切片機將吐司切成 20 片的薄片，接著用直徑 6 公分的圓形切模切成圓片。在不沾烤盤上放一張烤盤紙，在上面塗抹澄清奶油。另在第二張烤盤紙上塗抹澄清奶油。將麵包圓片放在其中一張塗抹奶油那面的烤盤紙上，再將另一張塗抹奶油那面的烤盤紙覆蓋在麵包圓片上。接著再覆蓋一個烤盤在上面，置入 165°C 的烤箱中烘烤 15 至 18 分鐘。烤到可以聞到烤麵包香味，但不致烤焦的程度。從烤箱中取出後，靜置放涼。

擺盤

在盤子上放一片麵包圓片。在上面放一個直徑 4 公分、高 1.5 公分的圓形切模，用白起司填料填滿。拿開切模後，在填料上擺放大量的櫻桃蘿蔔絲。在櫻桃蘿蔔上放一點白起司，接著將第二片麵包圓片疊放上去。

韃靼牛肉小塔佐檸檬皮漬芥末醬 Tartelette de bœuf en tartare, moutarde confite

25 份

檸檬皮漬芥末醬
（150 公克芥末）
- 1 顆檸檬
- 1/2 根紅辣椒
- 100 毫升夏多內白酒醋
- 1 大匙黃芥末籽
- 1 大匙黑芥末籽

洋芋片
- 1 大顆賓哲（Bintje）品種馬鈴薯
- 無水奶油
- 鹽

韃靼牛肉
- 500 公克牛前腰脊肉
- 1 大匙加鹽的潘泰萊裡亞島
  （Pantelleria）產續隨子
- 5 條醃黃瓜
- 1/2 顆紅蔥頭
- 1/4 束扁葉歐芹
- 1 顆生雞蛋蛋黃

醬料
- 50 公克美乃滋
- 20 公克芥末
- Tabasco® 辣椒醬
- 伍斯特醬（Worcestershire®）
- 5 公克芹鹽

搭配上菜
- 檸檬皮漬芥末醬
- 續隨子

先準備芥末醬及洋芋片，之後再準備牛肉。

檸檬皮漬芥末醬

將檸檬薄薄刨除表皮後榨汁。紅辣椒去籽，切成細塊。將芥末籽、檸檬皮及辣椒浸漬於夏多內白酒醋及檸檬汁內 48 小時，接著將所有材料加蓋醃漬 3 至 4 小時。溫度不應超過 80℃。保存於密封罐中並置於陰涼處。

洋芋片

將馬鈴薯用切片器切成 1 公釐厚的薄片。再將薄片用直徑 6 公分的圓形切模切成圓片。將烤盤紙鋪在不沾烤盤上，以無水奶油塗抹，再以無水奶油塗抹另一張烤盤紙。將馬鈴薯薄片鬆散排列於抹油的烤盤紙上，並蓋上另一張烤盤紙，抹油面朝下。在上面覆蓋另一個烤盤後，放進烤爐，以 165℃ 烘烤 15 至 18 分鐘。出爐後撒鹽。

韃靼牛肉

將牛前腰脊肉去肥去筋。先順著纖維紋路切片，接著切成細塊，最後刀鋒朝自己的方向劃，刀尖向著砧板將細塊再切得更薄。這樣做的用意在於避免壓壞牛肉的纖維，尤其對小份量的牛肉而言更是重要。將續隨子連續沖水 20 分鐘去鹽，瀝乾。將醃黃瓜切成極細的細塊。粗略用刀將續隨子切碎。半顆紅蔥頭剁至細碎。清洗扁葉歐芹，並去蒂、去葉、剁至細碎。將芥末、一抹 Tabasco® 辣椒醬、一抹伍斯特醬摻入美乃滋以增進口感，並在扁葉歐芹上撒鹽。

擺盤

將牛肉、醬料及生蛋黃混合，但保留少許醬料備用。用高度 4 公分、直徑 3 公分的切模為韃靼牛肉塑形。接著在上面點綴一點醬料、少許檸檬皮漬芥末醬及半顆續隨子。最後擺放在一片洋芋片上。

Froids,
frais ou juste tièdes
涼菜、冷盤或微溫菜

蕎麥生蠔佐水田芥慕斯　Huître au sarrasin, mousse au cresson

詳細步驟亦請見 p.212。

10 份

生蠔

- 20 顆生蠔
- 1 枝韭蔥的蔥白部分
- 1 塊奶油
- 100 公克皇家黃金魚子醬（caviar impérial gold）
- 葡萄籽油

水田芥慕斯

- 1 束水田芥
- 200 毫升干白酒
- 1 顆切碎紅蔥頭
- 少量白酒醋
- 20 公克液態鮮奶油
- 吉利丁片（每 100 公克醬汁使用 1 公克吉利丁）
- 粗鹽

蕎麥

- 50 公克卡莎（烤過的蕎麥，未去殼）
- 1 塊奶油
- 1/4 顆剁碎紅蔥頭
- 些許新鮮百里香花朵
- 200 毫升家禽高湯
- 鹽、研磨胡椒粉

用於慕斯的水田芥

在料理的前一天或數小時前，將水田芥揀選好。洗淨後，放入煮滾的鹽水中汆燙 4 分鐘。瀝乾並擠壓出多餘水分後，置於陰涼處保存。

生蠔

把生蠔打開、去殼，保留汁液並過濾，將生蠔肉放回原本放置生蠔的水中漂洗。把生蠔擺放在長柄鍋中，只排一層不堆疊。再一次過濾汁液，接著注入長柄鍋中，覆蓋生蠔。以文火加熱。熄火後，將生蠔自長柄鍋中取出。從中選出 10 顆最漂亮且完整的生蠔保存待用。同時也保留汁液，以及 5 個最漂亮且最深的外殼。

水田芥慕斯

將剩餘的生蠔、煮生蠔留下的湯汁及水田芥一起攪打。將白酒和紅蔥頭放入鍋中收汁到一半的量。收汁完成時，加入白酒醋，接著加入液態鮮奶油。煮到沸騰後，熄火，加入生蠔和水田芥的混合備料。根據備料的重量計算好吉利丁量，將吉利丁放在冷水中浸泡至少 10 分鐘，接著瀝乾，加入熱的混合備料中。用手持攪拌器攪打所有備料，直到形成起泡的質地。用濾網過濾並擠壓。清洗並刷拭預先保留的 5 個生蠔殼，並放進水中煮沸 15 分鐘。將外殼鋪在粗鹽堆上，用湯匙或活塞式漏斗將慕斯填入殼內，接著置於陰涼處數小時，待其凝固。

蕎麥

將蕎麥充分攪洗、瀝乾，放入水中快速煮沸後，將水倒掉。將紅蔥頭和新鮮百里香放入長柄鍋中，用奶油以大火翻炒一會兒。加入蕎麥翻炒數分鐘，使其呈現油亮狀態，接著注入高湯。煮至沸騰後，轉為小火，不加蓋，再以文火滾煮 15 分鐘。蕎麥應維持彈牙口感。烹調至 2/3 的過程時，撒入鹽及胡椒粉。

擺盤

韭蔥切成小丁，並用奶油快速翻炒數秒，熄火。將生蠔沿長寬各切 3 等份。混合等量的生蠔及蕎麥，再加入先前保留的所有生蠔湯汁。摻入一湯匙翻炒過的韭蔥，混合後，加入少量葡萄籽油調味。將此混料擺在生蠔外殼內的慕斯上，再用一小匙份量的魚子醬加以綴飾（每個生蠔用 5 公克魚子醬）。放在略微濕潤的粗鹽堆上，即可上菜。

科雷茲小牛肉佐煙燻鰻魚及酪梨　Veau de Corrèze, anguille fumée, avocat

10 人份

小牛肉及鰻魚

- 一塊 600 公克科雷茲省（Corrèze）產乳飼小牛肉，經修整與清潔
- 200 公克煙燻鰻魚柳，去骨

日式高湯（dashi）

- 1 片 10×10 公分的昆布
- 1 公升水
- 2 大匙柴魚（乾燥鰹魚片）
- 土佐酢（tosazu）*

鰻魚慕斯

- 1 片（2 公克）吉利丁
- 100 毫升日式高湯
- 100 公克煙燻鰻魚柳，去骨
- 100 公克液態鮮奶油

搭配上菜

- 3 顆熟透的哈斯（Hass）酪梨
- 黑蒜美乃滋（詳見 p.19）

---

* 土佐醋由 5 份日式高湯，2 份米醋，1 份醬油，1 份味醂組成。加熱至微滾後，加入一把柴魚片，接著熄火並過濾。

小牛肉及鰻魚

將小牛肉切成薄片，再切成長條狀，接著持刀，刀刃垂直於長條狀小牛肉，刀尖觸碰砧板，朝自己的方向劃切，將小牛肉切碎。

以相同方式切碎 200 公克的煙燻鰻魚柳。

日式高湯

將昆布用微濕的抹布加以擦拭。水加熱至 55℃，再將昆布浸入 25 分鐘，接著取出昆布。待水煮至沸騰，加入柴魚片，接著熄火，蓋上蓋子，靜置浸泡 5 分鐘。待柴魚片沉入長柄鍋底時，再以亞麻布過濾。加入相同份量的土佐醋。靜置放涼後，保存待用。

鰻魚慕斯

將吉利丁浸泡在冷水中 10 分鐘。加熱 100 毫升日式高湯至 60℃ 後，放入瀝乾的吉利丁。加進 100 公克鰻魚柳，用攪拌器或 Thermomix® 攪拌，形成光滑均質的調味鰻魚泥，再將鰻魚泥過篩至攪拌盆中。把剩餘的日式高湯放入冰箱冷藏保存，以達冰涼程度。將液態鮮奶油打發到 7、8 分發，摻入鰻魚泥，再靜置於陰涼處 3 至 4 小時，直至慕斯凝固。

完成及擺盤

將小牛肉和鰻魚丁混合，加入慕斯後，填入直徑 7 公分、高度 2 公分的圓形模具內。將酪梨對切、去核，再以厚度 3 公釐切片，並堆疊成瓦片狀。使用直徑 7 公分的圓形切模將堆疊的酪梨瓦片切割成圓盤形，再把切好的酪梨圓盤鋪在牛肉和鰻魚的韃靼牛肉上方。加入一點黑蒜美乃滋。將剩餘的冷日式高湯注入盤底。

瓦朗謝訥盧庫魯斯[1]佐蘿蔓心　Lucullus de Valenciennes, coeur de romaine

10 人份

牛舌、肥肝及蘿蔓生菜
- 2 條牛舌
- 1 大匙鹽
- 1 大匙糖
- 1 葉完整的新鮮鵝肝
- 5 棵蘿蔓心，洗淨瀝乾

鹵水
- 150 公克鹽
- 1 公升水

辛香配料
- 1/2 根直切的韭蔥
- 1 根胡蘿蔔，對半直切
- 1 枝白芹
- 1 顆小洋蔥，釘入 2 根丁香
- 1/2 枝新鮮龍蒿
- 1 枝扁葉歐芹
- 2 顆杜松子
- 1 片月桂葉
- 1 枝百里香
- 2 瓣蒜頭
- 1/2 小匙以研磨缽研磨過的香菜籽
- 1/2 小匙茴香籽
- 1 根蓽拔[2]

膠凍
- 10 片（20 公克）吉利丁
- 800 毫升烹煮牛舌的湯汁
- 200 毫升紅波特酒
- 12 公克鹽
- 1 公克四川花椒粉（磨碎）

油醋醬
- 4 顆雞蛋蛋黃
- 40 毫升水
- 80 毫升白酒醋
- 120 公克葡萄籽油
- 20 公克芥末
- 2 公克研磨白胡椒粉
- 4 公克鹽
- 1 條辣根的根
- 1/2 瓣蒜頭
- 1/2 顆檸檬榨汁
- 鹽之花

1　瓦朗謝訥盧庫魯斯（Lucullus de Valenciennes）是瓦朗謝訥地區的傳統特色菜餚，由煙燻牛舌和鵝肝製成。編注
2　poivre long，亦有長胡椒、蓽撥等名，味道與胡椒相似，但更為濃郁。編注

牛舌的鹵水鹽漬

修整牛舌，去除後面的舌根部分，只保留待料理的牛舌部位。將牛舌放入裝了冷水的大容器中，加入鹽及糖，靜置於陰涼處浸泡一整夜。隔天，將牛舌瀝乾，用水溶解鹽以製作鹵水。用注射器刺入牛舌深處，將鹵水注入各部位。

牛舌烹調

將辛香配料放入大尺寸的鍋中，加入足夠覆蓋食材的水量，不加鹽。將水煮至沸騰，以文火持續微微滾煮20分鐘後，加入牛舌。加熱清湯，使其溫度逐漸升至85°C，並維持在此溫度下烹煮。此過程約需7至8個小時。當牛舌煮熟後，把烹煮的湯汁保存下來。趁熱將牛舌剝皮，接著放進桌上型煙燻機中燻15分鐘*。使用切片機將牛舌切成8公釐厚的薄片。另以相同厚度將鵝肝切片待用。

＊ 也可使用市售的煙燻牛舌。一般而言市售牛舌採輕度煙燻。可向肉販諮詢這些牛舌是否適用於此食譜的作法。

膠凍

將吉利丁浸泡在冷水中10分鐘。混合烹煮後的湯汁與紅波特酒、鹽和四川花椒粉。煮沸上述混料，接著降溫至80°C，加入瀝乾的吉利丁。此膠凍的使用溫度介於50至60°C之間。

盧庫魯斯的組合

取一只10×15公分，5公分高的帶邊烤盤。將烤盤沾濕，並用保鮮膜緊密覆蓋盤內表面。烤盤其中3側的保鮮膜要預留數公分長度，靠內一側則要預留更多，以便完全覆蓋內容物。

將一小勺膠凍舀入烤盤底部。再把鵝肝切片一片挨著一片鋪排於其上。若有需要，可用刮刀予以抹平，使表面均勻平滑、無孔洞。撒上少許鹽之花及一圈磨碎的四川花椒粉。接著在整體表面上均勻塗抹少量溫熱的膠凍。

再覆蓋一層牛舌片，同時小心調整鋪排的高度，因為牛舌片無法像鵝肝切片那樣用刮刀均勻抹平。避免使用小塊的牛舌。繼續重複同樣步驟，最後應形成5層牛舌片和6層鵝肝切片，每層之間皆抹有一層膠凍。在鵝肝切片層撒上鹽及花椒粉調味（牛舌片層則不用）。最後一層應為鵝肝切片。最後一層的牛舌片及鵝肝切片須超出烤盤邊框。剩餘的膠凍可冷藏保存。

將右側與左側的保鮮膜往內摺，接著將預留得最長的保鮮膜也往內摺，以覆蓋整個烤盤，再用刮刀將保鮮膜塞入備料與烤盤邊框之間。

用保鮮膜緊緊包覆整個烤盤：先在一側繞兩圈，接著翻轉烤盤，於另一側再繞兩圈。置入蒸汽烤箱以65°C烘烤45分鐘。將烤盤自烤箱內取出時，用針在保鮮膜表面上四處戳孔，並在上面放置另一只烤盤，上以重物加壓。置於陰涼處至少24小時。

最後，利用刮刀及火焰噴槍使成品脫離內邊框。

油醋醬（vinaigrette）

　　將前面 7 項材料一起攪打成美乃滋，接著取 3 公分長新鮮辣根的根，刨絲後混入。再加入用杵搗碎的半瓣蒜頭、少許鹽之花以及檸檬汁。

完 成 及 擺 盤

　　將預留的膠凍稍微加溫，並注入一只 15×10 公分，0.5 公分高的烤盤中。靜置於陰涼處使其凝固，接著用擠花嘴或小圓形切模切割成小圓片。將蘿蔓心縱向對切，在凸起的一側（亦即切面的另一側）切下一小片，使其能夠平衡置於盤上，接著用刷子深入蘿蔓心，刷上大量的油醋醬。在盤上擺放一片盧庫魯斯，一棵調味好的蘿蔓心和一片膠凍小圓片。

肥肝豬肉醬 Rillettes de porc au foie gras

10 人份

肉醬

- 500 公克奧文尼（Auvergne）產豬前腿豬腳，去骨去皮
- 500 公克奧文尼產新鮮豬五花，去皮
- 150 公克鵝油
- 2 顆塞文山脈（Cévennes）產甜洋蔥
- 4 瓣蒜頭
- 400 毫升干白酒
- 雞高湯（視需要而定）
- 200 公克生鵝肝

乾鹵水

- 2 根丁香
- 5 粒以杵搗碎的杜松子
- 1 枝百里香
- 1 片月桂葉，對切
- 2 公克乾迷迭香，磨成粉
- 1 公克刨絲肉豆蔻
- 3 公克研磨黑胡椒粉
- 14 公克鹽
- 30 毫升紅波特酒

酸甜球莖甘藍

- 1 顆綠色球莖甘藍
- 100 公克酸甜醋（品牌以 Forum 為佳）
- 100 公克蔬菜高湯
- 1 顆青檸的刨絲外皮及榨汁
- 1/2 根新鮮紅辣椒，切成極細丁
- 鹽

芥末油醋美乃滋

- 4 顆雞蛋蛋黃
- 40 毫升水
- 100 毫升夏多內白酒醋
- 120 公克葡萄籽油
- 40 公克芥末
- 2 公克研磨白胡椒粉
- 4 公克鹽
- 1/2 瓣蒜頭
- 1/2 顆檸檬榨汁
- 鹽之花

搭配上菜

- 檸檬皮漬芥末醬（詳見 p.25）
- 紅酢漿草葉

肉醬

將所有的肉切成邊長 3 公分的肉丁。

準備乾鹵水：混合香料、鹽及紅波特酒。將豬肉塊放入醃料中，冷藏醃漬 48 小時。時間到後，將肉塊放進平底鍋中，用 100 公克鵝油將肉塊煎至色澤金黃。將肉塊保存待用，並把煎過殘留的油脂收集起來，加以過濾。

將甜洋蔥粗略剁碎。再將蒜頭剝皮、對切並去蒜芽。用剩餘的 50 公克鵝油以小火翻炒甜洋蔥及蒜頭，不須上色。加入肉塊、干白酒後烹煮，使其蒸發至一半的量。加入先前煎肉後保留的油脂。蓋上鍋蓋，用最小火持續熬煮 6 至 8 小時，要不時留意熬煮狀況。若煮到後來

湯汁仍過多，可在最後一小時拿起鍋蓋。若煮得太乾，則可加入少許雞高湯。烹調結束時，湯汁應位於肉塊的 1/4 高度。將肉塊取出瀝乾，並保留湯汁待用。以兩支湯匙將肉撕成絲狀，加入烹調後的湯汁。

將肥肝切成大塊肉丁，加入肉醬中混合攪拌，嚐味並修正調味。不要吝於使用黑胡椒粉。將肉醬均勻堆放在一只帶邊烤盤中，用保鮮膜覆蓋表面，靜置冷藏 2 天。

酸甜球莖甘藍

削除球莖甘藍的外皮，用刨刀刨成 4 公釐厚的薄片，接著用直徑 4 公分的圓形切模切成薄片。

將剩餘的材料混合攪拌以製作醃料。球莖甘藍鹽漬 5 分鐘後，再加以漂洗、吸乾水分，並按摩以使其軟化，然後浸漬於醃料中。

芥末油醋美乃滋

將表列的前 7 項材料一起攪拌成美乃滋。加入用杵搗碎的半瓣蒜頭、鹽之花及檸檬汁。

擺盤

在盤中擺放一塊長方形肉醬（3×10 公分），上面堆疊 3 片瀝乾的球莖甘藍薄片，在頂端綴飾少許檸檬皮漬芥末醬和紅酢漿草葉。舀一匙油醋美乃滋放在旁邊。

萊芒湖白鮭佐原種番茄　Féra du lac Léman, tomates anciennes

10 人份

番茄

- 2 公斤不同品種的原種番茄（tomate ancienne）
- 6 顆成串的羅馬番茄
- 50 公克新鮮生薑，去皮
- 1 小匙的碾碎芫荽籽
- 1/2 小匙的碾碎茴香籽
- 片狀吉利丁（詳見食譜）

白鮭魚及醃料

- 3 條白鮭魚
- 1 顆葡萄柚
- 1 顆青檸
- 1 顆黃檸
- 1 顆橙
- 25 公克新鮮生薑，去皮
- 1/2 束芫荽
- 1/2 束蒔蘿
- 1.5 枝檸檬草
- 10 公克粉紅胡椒
- 10 公克黑胡椒粒
- 5 公克茴芹籽
- 5 公克芫荽籽
- 5 公克茴香籽
- 500 公克粗鹽
- 500 公克砂糖

蘋果薑調味料

- 2 顆蘋果
- 極干白酒（如夏布利〔Chablis〕）
- 1 塊糖漬生薑
- 1/2 顆青檸的榨汁及刨絲外皮

搭配上菜

- 塔迦斯卡（Taggiasche）橄欖
- 特級初榨橄欖油
- 2 顆甜洋蔥
- 研磨芫荽籽
- 芫荽花及枝葉
- 檸檬奶油醬（詳見 p.19）
- 橄欖油、夏多內白酒醋、鹽之花、研磨白胡椒粉

原種番茄

　　將原種番茄去皮。熟透的番茄浸入滾水後應即可脫皮；某些品種（如綠斑馬）則可直接以刀去皮。保留所有剝除的外皮待用，以製作番茄水。最小顆的番茄完整保留，此外所有番茄均切成 4 塊。

番茄水

　　將成串番茄切成小塊，保留外皮，撒上鹽及胡椒粒。用 Microplane® 刨刀把生薑刨絲，連同芫荽籽及茴香籽一併加入。將所有材料放入高的帶邊烤盤中，注入 500 毫升的水予以覆蓋，並加進預留的番茄外皮，以 80℃ 持續隔水加熱 24 小時，接著過濾，取得番茄水。每公升番茄水需 10 公克（5 片）吉利丁，將吉利丁在冷水中浸泡 10 分鐘，瀝乾後放進熱的番茄水中。用鹽調味後，注入 1 公分高的量到 10 個深盤中。置於陰涼處 3 至 4 小時，待其凝固。

白鮭魚及醃料

取下魚柳並保留魚皮。

將柑橘類水果洗淨並擦乾,切成小塊後,與生薑一起攪打至細碎程度。將香料植物切碎,再將檸檬草切細。把粉紅胡椒、胡椒粒及所有的籽與檸檬草一併放進研磨缽中碾碎,再將上述材料與粗鹽及糖一起混合。將混料平鋪一層在烤盤上,再鋪上魚柳,魚皮面朝下。把剩餘的醃料覆蓋整塊魚柳,靜置於陰涼處3小時。

以冷水放流沖除魚柳的鹽分,接著將其排列在網架上,置入冰箱內放乾48小時。用保鮮膜加以包覆,再靜置於冰箱內兩天,使鹽及辛香料能充分入味。若條件允許,則不妨以舒肥方式進行。

蘋果薑調味料

將蘋果削皮,切成小塊,注入白酒至覆蓋蘋果的高度。持續烹煮20分鐘,接著倒入攪拌器的盆中。加入糖漬生薑、青檸外皮及榨汁,攪打均勻。靜置放涼後,裝入擠花袋中。

完成及擺盤

將塔迦斯卡橄欖置入烤箱,以80°C烘乾1小時,接著加入鹽之花,用杵一併搗碎。

將甜洋蔥去皮並切成圓片。

汆燙甜洋蔥圓片,瀝乾後以夏多內白酒醋及橄欖油調味。將番茄撒上一點橄欖油、鹽之花、一圈研磨白胡椒粉及一圈研磨芫荽籽。將番茄鋪放在膠凍上,並仔細將不同品種的番茄均勻分散在各個盤內。用鉗子挑除魚柳的刺,再以刀尖剝除魚皮,將每塊魚柳切成8塊。在每個盤內均勻分配白鮭魚肉塊,加入一片甜洋蔥圓片,少許蘋果薑調味料,少許塔迦斯卡橄欖粉末,再用芫荽的花及枝葉加以綴飾。最後在沙拉上鋪放數小點檸檬奶油醬。

豬頭肉凍佐烤球莖甘藍　Fromage de tête, chou-rave rôti

10 人份

豬頭肉凍

- 1/2 顆完整豬頭（含豬舌及豬頰），請肉販去骨
- 1 塊小牛舌
- 250 公克豬頰
- 1 瓣蒜頭
- 2 顆紅蔥頭
- 100 毫升干白酒
- 1/2 大匙第戎（Dijon）濃芥末
- 1/2 條新鮮辣根的根（非必要）
- 奶油、鹽、刨絲肉豆蔻、研磨黑胡椒粉
- 白波特酒

輕鹵水（用於豬頭及豬舌）

- 10 公升水
- 一把糖
- 一把粗鹽

豬頰用鹵水

- 1 公升水
- 150 公克鹽

辛香配料

- 1 枝縱向對切的韭蔥（一個鍋中使用 1/2 枝）
- 2 根縱向對切的胡蘿蔔
- 2 枝白芹
- 1 顆對切洋蔥，釘入 2 根丁香
- 2 枝扁葉歐芹
- 1 枝新鮮龍蒿
- 4 顆杜松子
- 2 片月桂葉
- 2 枝百里香
- 4 瓣蒜頭
- 1 小匙以研磨缽略微碾碎的芫荽籽
- 1 小匙茴香籽
- 2 根蓽拔

芥末鮮奶油

- 100 公克濃稠法式優酪乳油（crème fraîche épaisse）
- 5 公克檸檬汁
- 30 公克古法製作芥末（品牌以源自根特〔Gand〕的 Tierenteyn 為佳）
- 1 小撮艾斯佩雷辣椒粉

球莖甘藍

- 4 顆球莖甘藍
- 奶油
- 鹽，研磨胡椒粉

肉品的鹽漬

若請肉販剔除豬頭骨，請對方保留豬舌及豬頰。

將去骨的豬頭及豬舌放入一個大容器中，並將容器置於水龍頭下。

以冷水放流 10 餘分鐘，接著倒掉部分的水，容器中只留下 10 公升的水。

加入糖及鹽，製作輕鹵水。

混合攪拌後，置於陰涼處一整夜。

另同時準備豬頰用鹵水：將水煮沸，加鹽，使其充分溶解。

鹵水靜置冷卻後，用注射器在每塊豬頰深處注入豬頰重量 10% 的鹵水（即 50 公克的豬頰注入 50 毫升的鹵水）。所有豬頰都注射完成後，將其浸漬在剩餘的鹵水中，置於陰涼處一整夜。

隔天，以水放流沖洗豬頭及豬舌 10 餘分鐘，清洗乾淨並去除鹽分。

豬頰則是不浸水，直接漂洗。最後，將所有肉品瀝乾。

熟食調理（cuisson charcutière）

　　將辛香配料悉數放進一個大的鍋中，並注入大量的水加以覆蓋，勿加鹽。煮至沸騰後，以文火持續微微滾煮 20 分鐘。不須過濾，將高湯平均分配注入兩個鍋中。豬頭及豬舌置於同一鍋，豬頰則放入另一個鍋。

　　使用溫度計探針測量，並加熱高湯，使其溫度逐漸升至 85°C，並在此恆溫下持續烹煮，勿超過 90°C，以避免縮水現象。這種方法稱為熟食調理，可以做出口感扎實、入口即化及多汁的肉品，同時避免不夠熟以及因過熟而變硬的問題。

　　當達到理想的硬度口感時，即可關火。以豬頭及豬舌而言，調理需 5 至 6 個鐘頭。以豬頰而言，則需 7 至 8 個鐘頭。

　　靜置放涼後，取出肉塊，接著將兩邊煮完後的湯汁倒進同一鍋中，繼續烹煮收汁，但不要煮沸，以保留膠原蛋白。過程中要不定時嚐味，直到呈現理想的鹹度。

豬頭肉凍的組合

　　將蒜頭及紅蔥頭剁至細碎，加入白酒中，收汁至 2/3 的量。把肉切丁（mirepoix），瘦肉部分切成大塊，白色帶肥部分只切成一半大，如此便可增加肉的口感，並減少油膩感。熄火後，將肉加入收汁過的紅蔥頭白酒中，重新置於爐上，仔細加熱，好讓加料後的白酒呈現融合黏稠狀態，勿超過 85°C。接著將煮過的高湯一勺接一勺舀入，以產生均勻的混料，亦即無論肉類或高湯都不會搶味。熄火後，將刨絲肉豆蔻加入，並撒上幾圈研磨胡椒粉，必要時加入鹽及芥末。可用 Microplane® 刨刀將少許新鮮的辣根刨絲。將所有材料倒入一個有直角邊框的烤盤，備料應填至邊框 5 公釐高的高度。讓豬頭肉凍在室溫下靜置放涼並稍微凝固。測量剩餘高湯的量，在每 500 毫升的高湯中加入 100 毫升加熱後的白波特酒。讓波特酒高湯稍事冷卻，使其些微呈糖漿狀態。當豬頭肉凍已經微微凝固時，加入波特酒高湯，接著置於冰箱內冷藏保存 48 小時：這是一道豬肉冷盤，需要給它一些時間入味。

芥末鮮奶油

　　將鮮奶油、檸檬汁、芥末及艾斯佩雷辣椒粉混合攪拌。置入冰箱內冷藏保存，使其變得扎實。

球莖甘藍

　　用旋轉切片機或日式刨刀將球莖甘藍切片，將其捲成螺旋形狀，接著緊密地塞入圓形模具中，如同戴在手指上的戒指。依球莖甘藍切片的寬度將圓形模具層層堆疊（在波札餐館，我們使用直徑 5 公分，高 2 公分的圓形模具。我們把 3 個圓形模具堆疊起來，形成一個高 6 公分的「塔」）。將多餘（超過「塔」頂和「塔」底）的部分切除，並在圓形模具間用刀切開甘藍，以分離模具。如此便能得到 3 個填滿圓形模具、完美均等的球莖甘藍。勿將球莖甘藍從模具中取出，直接全部放入平底鍋中，以融化奶油將球莖甘藍的兩面煎至焦黃。接著放上烤盤並置入烤爐內，以 180°C 的溫度烘烤 3 至 4 分鐘，便完成整個烹調。

　　可以預先將這些備好，但上菜時必須是燒熱狀態，並撒上鹽及胡椒粉。

擺盤

　　將一份豬頭肉凍方塊，以及脫模的圓柱狀球莖甘藍擺放在盤中。置放一匙水滴狀的芥末鮮奶油在球莖甘藍上。豬頭肉凍上可用檸檬皮漬芥末醬加以綴飾（見p.25）。

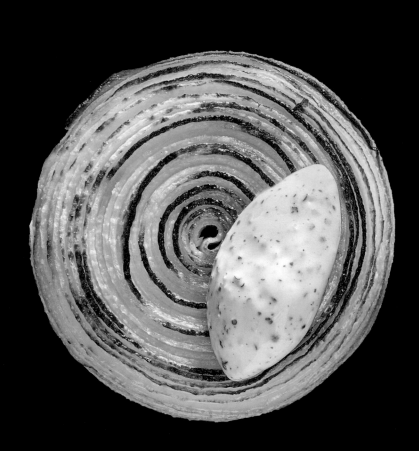

醃漬鯖魚佐布霍丘起司及酸模汁 Maquereau mariné, brocciu et jus à l'oseille

10 人份

鯖魚
- 5 尾 200 至 300 公克的鯖魚
- 200 公克細鹽
- 200 公克砂糖

布霍丘（brocciu）起司
- 1 顆鹽漬的檸檬皮
- 6 顆罐裝的皮科洛辣椒，洗淨並乾燥
- 10 顆乾燥番茄
- 1 大匙烘焙過的松子
- 1/2 束細香蔥
- 300 公克科西嘉布霍丘起司（或於非當季時以布魯斯〔brousse〕起司替代）

酸模汁
- 1 顆紅蔥頭　　・2 顆青蘋果
- 100 公克野生酸模
- 1/4 束扁葉歐芹
- 25 毫升酸甜夏多內白酒醋
- 50 公克極甜、熟成或帶有果味的黑橄欖油
- 鹽

球莖甘藍及洋蔥
- 2 顆球莖甘藍
- 1 顆紅洋蔥
- 100 公克酸甜醋（品牌以 Forum 為佳）
- 100 公克蔬菜高湯
- 1 顆青檸的刨絲外皮及榨汁
- 1/4 顆切成極細丁的新鮮紅辣椒
- 鹽

檸檬奶油醬
- 6 顆檸檬　　・2 顆橙
- 25 公克砂糖　・15 公克奶油

沙棘調味料
- 50 毫升醬油　・50 公克沙棘果
- 10 公克糖　　・1 顆橙果汁

搭配上菜
- 1 顆青檸的刨絲外皮及榨汁
- 橄欖油
- 10 枝銀酸模嫩芽
- 1 顆手指檸檬
- 紅色酢漿草葉
- 乾燥伊朗黑檸粉

鯖魚
片下鯖魚魚柳並去骨，用鹽及糖混合，在魚柳上均勻塗抹，靜置於陰涼處 1 小時。快速以冷水放流沖除魚柳上的鹽分，接著置入冰箱內放乾一整夜。

布霍丘起司
將鹽漬檸檬皮、皮科洛辣椒及乾番茄切成極細丁，用刀剁碎松子，細香蔥切碎。混合攪打所有材料與起司，製成 10 個橢圓球狀物，置於陰涼處保存待用。

酸模汁
紅蔥頭去皮，青蘋果去皮去籽。加入扁葉歐芹及野生酸模，一道放進蔬果榨汁機中攪打。

將汁液倒入攪拌器中，與白酒醋、橄欖油及鹽一併混合攪拌。取出後，置於陰涼處保存待用。

球莖甘藍及洋蔥
使用旋轉切片機或日式刨刀將球莖甘藍切成薄片。將球莖甘藍薄片捲成 4 公分的圓柱體，塞入直徑 4 公分、高 2 公分的圓形模具中，切除多餘部分。將紅洋蔥去皮並層層剝開成殼狀。將醋、高湯、青檸外皮、榨汁以及辣椒一道混合攪拌。混料撒上鹽後，將球莖甘藍捲及殼狀洋蔥片放入浸漬，置於陰涼處一整夜。

檸檬奶油醬
取檸檬及橙外皮。將果皮放入一個裝冷水的長柄鍋中，煮至沸騰，接著把果皮瀝乾。將橙及檸檬榨汁。再將已汆燙過的果皮、榨汁及糖一起以文火微微滾煮 1 小時。

完成後予以混合攪拌，加入奶油。過篩後，置於陰涼處保存待用。

沙棘調味料
將所有材料以最小的文火烹煮 10 分鐘，混合攪拌後，靜置放涼。

完成及擺盤
用鮭魚刀在鯖魚皮的表面上以平行方式劃切出細紋。在魚肉處以青檸榨汁、刨絲外皮及橄欖油調味，用火焰噴槍炙燒鯖魚皮，直至脂肪開始融化。將一個調味的布霍丘起司橢圓球狀物放置在盤上，再將鯖魚柳鋪放於其上，點綴一點沙棘調味料、一枝銀酸模嫩芽，以及少許手指檸檬果粒。在周圍淋上酸模汁，並添加幾滴橄欖油。旁邊放一個酸甜球莖甘藍捲，上面放一點檸檬奶油醬、一個殼狀酸甜紅洋蔥片及一片酢漿草葉。最後，撒上少許伊朗黑檸粉。

Chauds, généreux, petits et grands

熱食、大份量、小盤菜及大盤菜

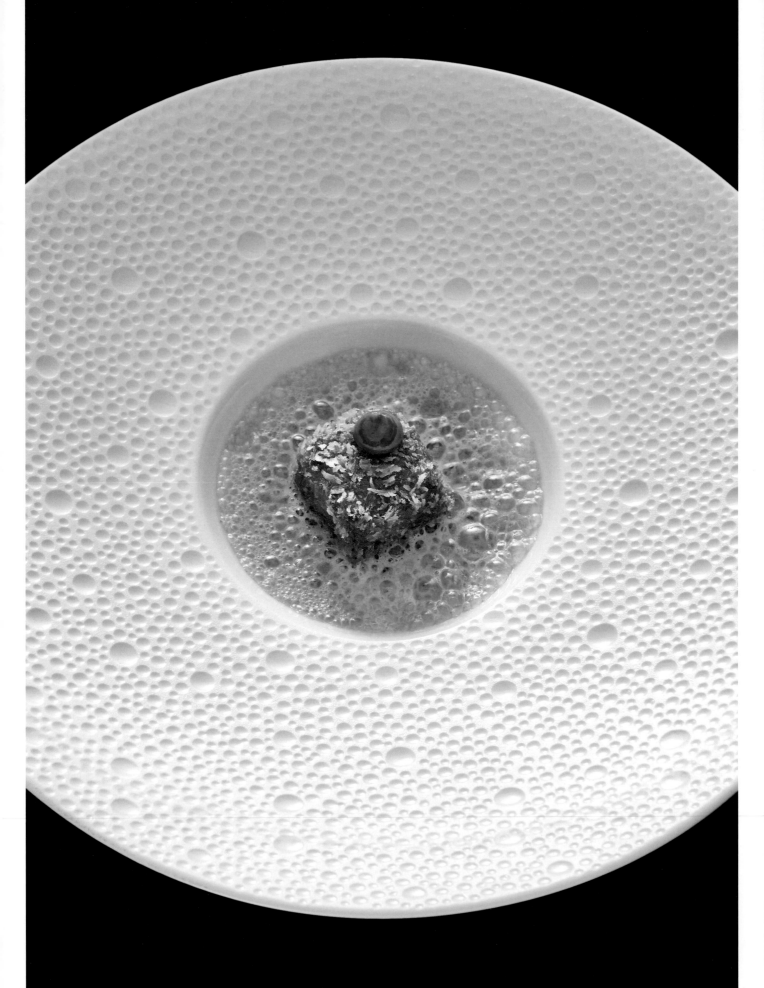

蝦肉可樂餅佐濃湯 Croquette et bisque de crevettes

48 份

蝦肉濃湯

- 750 公克生鮮北海灰蝦，未去殼*
- 1/2 根胡蘿蔔
- 1/2 顆洋蔥
- 1/2 枝旱芹
- 1/4 枝韭蔥
- 葡萄籽油
- 少量高級干邑
- 2 小匙濃縮番茄醬
- 60 毫升干白酒
- 半鹽奶油

歐芹汁

- 1 束摘掉葉子的扁葉歐芹
- 50 公克鹽

蝦肉可樂餅 (croquette)

- 1 公克吉利丁片
- 40 毫升蝦肉濃湯
- 20 毫升 40% 乳脂量的法式優酪
  乳油
- 15 公克金色麵糊（〔roux blond〕
  詳見 p. 206）
- 4 公克刨絲的格拉娜·帕達諾起
  司（Grana Padano）
- Tabasco® 辣椒醬
- 英式炸麵糊（麵粉、攪打過的蛋
  白以及麵包屑，分別放入 3 個不
  同容器）
- 葡萄籽油，用於油炸
- 鹽

★ 或約 250 公克去殼蝦尾。僅蝦頭用於
  蝦肉濃湯中。

蝦肉濃湯

將生蝦去殼。去殼的蝦尾部分保留用於蝦肉可樂餅，蝦頭部分則用於蝦肉濃湯。將蔬菜切成邊長 5 公釐的小丁。用葡萄籽油以大火翻炒蝦頭，輕微上色即可，勿過焦，以免產生氨味。

加入干邑焰燒後，取出蝦頭。在長柄鍋中注入少量油，將蔬菜丁以極小火加以翻炒，不須上色，亦可加蓋，直到炒熟並呈現柔嫩口感。依序加入蝦頭及濃縮番茄糊，烹調 3 至 4 分鐘，視濃稠情況調整，並加入白酒煮至沸騰，再加入 2 公升水，覆蓋鍋內材料超過兩公分高度。煮沸後，轉為小火，持續熬煮 30 分鐘。用濾網加以過濾並充分擠壓。將此備料靜置冷藏一整夜。

隔天，去除備料表面的薄油脂層，接著熬煮收汁至一半的量。

蝦肉可樂餅

將吉利丁浸泡於冷水中。把蝦肉濃湯與優酪乳油煮沸，逐漸加入金色麵糊，同時一邊混合攪拌。當混料變得融合黏稠且均質時，加入瀝乾的吉利丁，繼續熬煮至沸騰，一邊用打蛋器不斷攪拌至少 30 分鐘，直到混料濃稠到幾乎開始附著在長柄鍋底，且會從打蛋器上脫落的程度，如同製作泡芙的生麵團。此時即可熄火，加入格拉娜·帕達諾起司、蝦肉，並用鹽及 Tabasco® 辣椒醬修正調味。倒入烤盤中、加蓋，並靜置冷藏一整夜。

歐芹汁

將歐芹洗淨、乾燥並摘除葉子。把 1 公升加鹽的水煮至沸騰。熄火後，加入歐芹。靜置 4 分鐘，接著用濾篩加以瀝乾，勿擠壓。置於陰涼處保存，同時亦將煮過的汁放涼。攪打歐芹葉，使其形成濃稠但能流動的程度。若有需要，可加入幾滴煮過並冷卻的汁來稀釋。

完成及擺盤

在酥炸蝦肉可樂餅前，可依喜好先切成任何形狀。將其裹上英式炸麵糊，亦即先將可樂餅放進麵粉中翻滾一圈，接著放入蛋白中，最後再放到麵包屑中翻滾一圈。將可樂餅靜置於陰涼處，使其乾燥數小時後，放進 170℃ 的葡萄籽油中酥炸 4 分鐘。瀝乾後，放在吸油紙上，接著置入 180℃ 的烤箱中烘烤 1 分鐘。與加入半鹽奶油而乳化的蝦肉濃湯一道端上桌。最後在蝦肉可樂餅上淋一小點歐芹汁。

水煮蛋佐松露口味庫克先生三明治   *Œuf coque et croque-monsieur à la truffe*

6 至 8 人份

松露牛油

- 200 公克半鹽奶油，軟化的膏狀
- 20 公克刷淨的黑松露

水煮蛋

- 4 大顆新鮮雞蛋
- 新鮮黑松露，用於配菜
- 鹽、研磨胡椒粉

庫克先生三明治

- 4 片吐司薄片
- 2 片白火腿薄片
- 2 片侏羅省（Jura）產康提起司
  （comté）薄片
  （以 馬 塞 勒 · 佩 提 特〔Marcel Petite〕品牌供應的 12 個月熟成起司為佳）
- 切成薄片的新鮮黑松露

擺盤

- 煎炒用奶油
- 新鮮黑松露
- 鹽、研磨胡椒粉

松露奶油

將黑松露置於一只盤上並切成薄片，接著逐步用叉子壓碎。將碎松露摻入奶油中均勻混合。

水煮蛋烹調

將蛋放入滾水中煮 4 分鐘，直到煮熟。將蛋取出，浸入冷水中，仔細剝除蛋殼。整個剝殼過程都是在冷水中進行，手必須放在水裡，以免使蛋破損。

庫克先生三明治

在吐司片上塗抹一層非常薄的松露奶油。加入白火腿、康提起司及一層漂亮的松露片。將三明治合起來，以保鮮膜包裹，靜置於陰涼處一整夜。

以下是三明治的夾層結構：

麵包
松露奶油
松露
起司
火腿
松露奶油
麵包

隔天取下保鮮膜並將麵包切邊。

組合與完成

將每個三明治切成 4 塊，再放進鍋中，用融化的奶油慢煎。將松露刨成細絲，撒在切過的小三明治上，並在上菜前修正調味。在小長柄鍋中放入松露奶油，以最小的文火融化。將去殼的蛋放入含有松露奶油的長柄鍋中，用兩支湯匙將長柄鍋中的蛋約略碾碎。松露奶油的作用在於使整份混料融合黏稠，切莫過度烹調。撒上鹽、胡椒粉調味。將松露稍微刨絲，分撒在深盤中，並完全覆蓋松露切片。雖然這兩道料理在餐廳裡是一起上菜，不過這兩道料理的食譜可供分別施作。

小牛頭佐小灰蝸牛及香料草汁　Tête de veau et petits-gris, jus aux herbes

10 人份

小牛頭

- 1/2 去骨小牛頭，含牛頰與牛舌
- 5 公升水
- 50 公克粗鹽
- 50 公克糖
- 烹調用粗鹽

辛香配料

- 1/2 枝韭蔥，縱向對切
- 1 根胡蘿蔔，縱向對切
- 1 枝白芹
- 1 顆小洋蔥，釘入 2 根丁香
- 1/2 支新龍蒿
- 1 枝扁葉歐芹
- 2 顆杜松子
- 1 片月桂葉
- 1 枝百里香
- 2 瓣蒜頭
- 1/2 小匙以研磨缽稍加研磨的香菜籽
- 1/2 小匙茴香籽
- 1 根蓽拔

香料植物

- 1 束熊蔥
- 1 束扁葉歐芹
- 1 束山蘿蔔
- 3 枝龍蒿

蝸牛

- 60 隻歐布裡沃（Aubrives）產小灰蝸牛（若條件允許，品牌以 Thierry Sauvage 為佳）
- 1 顆紅蔥頭
- 2 瓣蒜頭
- 奶油
- 1 枝新鮮百里香
- 1 片月桂葉
- 100 毫升干白酒

蒜頭鮮奶油

- 100 公克液態鮮奶油
- 5 瓣帶皮蒜頭，對切
- 鹽

蒜頭脆片及麵包丁

- 3 瓣蒜頭
- 1 條白吐司
- 奶油

搭配上菜

- 500 毫升小牛頭熬煮濃湯汁
- 扁葉歐芹葉

小牛頭烹調

以冷水放流沖洗小牛頭 10 餘分鐘，然後將小牛頭浸泡在含有鹽及糖的水中，並靜置於陰涼處一整夜。隔天，再次以水放流沖洗 10 餘分鐘，接著置入長柄鍋中並放水蓋過牛頭，加入辛香配料，煮至沸騰，撒鹽。將一個盤子置放在鍋中的混合食材上，上以重物加壓，用文火持續滾煮 2 至 3 小時，或直到肉變得軟嫩且入口即化，但仍保持輕微的扎實感。之後，將牛頭取出，繼續讓牛舌和牛頰熬煮約 30 分鐘。當所有的肉都煮熟時，將牛舌皮剝除。把小牛頭兩邊的肉攤平；在其中一半捲入牛舌，另外一半捲入牛頰。綑緊後用保鮮膜包裹，靜置放涼，並冷藏保存至隔天。將每個肉捲切成 2.2 公分的肉丁，熬煮的湯汁收汁到剩 2/3 的量。

香料植物

剝除蒜頭的外皮並去芽，把所有香料植物洗淨並摘除葉子。鹽水煮至沸騰，熄火後，待溫度降至 80°C，在熱水中加入香料植物浸泡 4 分鐘。瀝乾後，置於陰涼處。將其放入食物處理機中攪碎，勿擠壓，收集攪碎後的混料及汁液，置於陰涼處保存一整夜。

蝸牛

將蝸牛瀝乾，但保留其汁液。把紅蔥頭及蒜頭切碎，加入百里香和月桂葉，用一小塊奶油以大火翻炒。將白酒及保留的蝸牛湯汁收汁至將近收乾的狀態。加入蝸牛，以大火迅速混合攪拌翻炒，勿熟透。稍微撒點鹽及胡椒粉，接著熄火。

蒜頭鮮奶油

將鮮奶油及對切的帶皮蒜頭一起加熱。撒鹽後用濾網過濾。

蒜頭脆片及麵包丁

將蒜瓣汆燙過，再用切片機切成薄片，接著置入烘乾機或 50°C 的烤箱，夾在兩張烤盤紙之間烘乾 12 小時。將麵包切成 2 公分厚片，然後把麵包片切邊，再把麵包片切成與小牛頭肉肉丁相同大小的麵包丁。用奶油將麵包丁煎出金黃色澤。

完成及擺盤

將 500 毫升熬煮過的濃稠小牛頭湯汁及小牛頭肉塊加熱。加入香料植物混料，稍微加熱但不要煮沸。熄火後，加入蒜頭鮮奶油，混合攪拌並分配至深盤中。擺好小牛頭肉塊及蝸牛後，淋上大量湯汁。用蒜頭脆片、麵包丁及扁葉歐芹葉加以綴飾，最後點上幾滴歐芹汁（詳見 p. 57）。

淡菜佐薯條　Moules-frites

10 人份

薯條

- 10 顆賓哲品種大馬鈴薯，外皮殘土尚未清除
- 2 公克艾斯佩雷辣椒粉
- 12 公克鹽
- 2 大匙切碎細香蔥
- 酥炸粉（Farine à tempura）
- 2 公斤炸薯條專用牛白（blanc de bœuf，亦即牛脂）

淡菜

- 2 公斤巨型淡菜
- 1/2 枝韭蔥
- 1 顆細切洋蔥
- 1 枝旱芹
- 奶油
- 200 毫升干白酒

歐芹汁

- 1 束摘掉葉子的扁葉歐芹
- 50 公克鹽

搭配上菜

- 50 公克發酵牛乳（lait ribot）
- 馬羅倫醬（sauce marollienne，即加入少許醋和辣芥末的淡美乃滋〔mayonnaise allongée〕）
- 數枝鹽角草（salicornes）
- 數枝香料植物嫩芽

薯條

將馬鈴薯擺在烤盤上，放入 130℃ 的烤箱中烘烤 3 至 3.5 小時。以刀尖測試熟度，能刺穿表示完全熟透。

取出馬鈴薯，對切後，用湯匙仔細將肉取下（須注意馬鈴薯外表仍有殘土）。加入艾斯佩雷辣椒粉、鹽和切碎的細香蔥，用刮刀輕輕混合攪拌，勿擠壓馬鈴薯，盡可能保留最多的馬鈴薯塊。將此馬鈴薯混料鋪放在帶邊烤盤上，加壓並靜置放涼。

當馬鈴薯混料較為堅硬後，切成不同大小的粗薯條。將粗薯條裹上大量酥炸粉，放入 130℃ 的牛脂中酥炸 5 分鐘。瀝乾後，將其靜置放涼至室溫狀態。

淡菜

先刮洗淡菜。將蔬菜切碎，用一小塊奶油以大火翻炒。加入淡菜，用大火混合攪拌，接著再注入白酒。蓋上鍋蓋，持續以大火加熱 2 至 3 分鐘，直至淡菜殼打開。取出淡菜，收集湯汁並加以過濾。把淡菜靜置於室溫下放涼、去殼。保留幾個淡菜殼並加以清洗（每盤放 3 個），作為擺盤。將每顆淡菜的鬚與沙袋剔除。

歐芹汁

將歐芹洗淨、乾燥並摘除葉子。把 1 公升加鹽的水煮至沸騰，熄火後，加入歐芹。靜置 4 分鐘，接著用濾篩加以瀝乾，勿擠壓。置於陰涼處保存，同時亦將煮過的汁放涼。攪打歐芹葉，使其形成濃稠但能流動的程度。若有需要，可加入幾滴煮過並冷卻的汁加以稀釋。

完成及擺盤

將薯條進行第二次料理，以 170℃ 烘烤 2 至 3 分鐘，使其呈現美麗的色澤。用吸油紙吸乾油份。將發酵牛乳加入淡菜湯汁中加熱，用攪拌器將湯汁稍微乳化並修正調味。在湯汁中加入淡菜，一起放進長柄鍋中仔細攪拌。將少量湯汁與幾顆淡菜倒進上菜用的碗中。擺放 3 根不同大小的薯條，加上幾個淡菜殼、數枝鹽角草、香料植物及烹煮過的湯汁。最後點上幾滴馬羅倫醬及歐芹汁，即可上菜。

白梭吻鱸可內樂，向亞蘭・圖巴 [1] 致敬　Quenelles de sandre /hommage à Alain Troubat

10 人份

泡芙生麵團

- 250 毫升鮮奶
- 100 公克奶油
- 14 公克鹽
- 150 公克麵粉
- 4 顆雞蛋

可內樂混料

- 1 公斤白梭吻鱸肉，去骨去皮
- 70 公克小牛腎脂肪
- 70 公克澄清奶油
- 170 毫升雞蛋蛋白
- 800 公克淡奶油（crème fleurette）
- 14 公克鹽
- 6 公克研磨白胡椒粉

楠蒂阿（Nantua）醬

- 1 公斤去殼小龍蝦
- 2 公升蔬菜高湯
- 少許卡宴辣椒
- 2 瓣蒜頭
- 1 根胡蘿蔔
- 1 顆洋蔥
- 1 枝旱芹
- 葡萄籽油
- 50 毫升干邑
- 2 大匙濃縮番茄糊
- 200 毫升干白酒
- 200 公克液態鮮奶油

泡芙生麵團及可內樂混料

泡芙生麵團的製作步驟詳見 p. 202。將鮮奶煮至沸騰，加入奶油及鹽。撒入麵粉，使生麵團變乾，接著逐顆加入雞蛋。將生麵團大致攤放在鋪有烤盤紙的烤盤上降溫。

將白梭吻鱸肉及小牛腎脂肪放入絞肉機，用極細的孔徑絞碎。取出所有材料放入攪拌缸中，加入其他原料，混合攪打至最細緻的程度，過篩。將此混料及泡芙生麵團放入槳狀攪拌機的攪拌缸中，充分混合。

楠蒂阿醬

將小龍蝦去腸泥：抓住尾鰭的中央部分，用力扭動並往後拉，腸泥便可隨之抽出。將蔬菜高湯及卡宴辣椒煮至沸騰後，把活的小龍蝦浸入高湯中烹煮 2 分鐘。瀝乾後，將尾部拔除並剝除外殼，置於陰涼處保存。

用刀將蝦頭及蝦殼剁碎。將蒜頭剝皮及去芽，所有蔬菜切丁。在大長柄鍋中加熱葡萄籽油，加入蝦殼油煎，略微上色後用干邑收汁。取出蝦頭及蝦殼待用，在長柄鍋中注入少量的油，放進蔬菜以小火翻炒 30 分鐘，不須上色，過程中不斷攪拌。加入蝦頭、蝦殼及濃縮番茄糊，以大火翻炒一會兒，使番茄醬化開，接著用白酒收汁。收汁至一半的量之後，將水加入至覆蓋材料的量，用文火滾煮 20 分鐘，不加蓋。加入鮮奶油，再熬煮 10 分鐘。用手持攪拌器簡短攪拌（混合攪打兩下即可），接著用濾網充分擠壓過濾。

完成及擺盤

水加熱至微滾。用兩支湯匙為可內樂塑形，然後放入滾水中。每邊各烹煮 4 分鐘，接著放在吸油紙上瀝乾。將兩顆可內樂放在一只煎蛋平底鍋中，淋上楠蒂阿醬，放進預熱至 200°C 的烤箱裡。當可內樂開始膨脹及上色（約 25 分鐘），在燒熱的醬汁中擺放幾隻小龍蝦尾作為綴飾，即可上菜。

1　亞蘭・圖巴（Alain Troubat）是法國、比利時美食界的知名大廚，於 2019 年過世。編注

紅鮷魚佐酥烤柚子風味薄餅　Rouget barbet laqué au citron confit

10 人份

艾斯佩雷辣椒番茄酥餅

- 2 公斤聖馬札諾番茄（若條件允許）
- 1 顆切碎紅蔥頭
- 1 瓣去芽並剁碎的蒜頭
- 7 公克鹽
- 50 毫升柚子汁（yuzu）
- 50 公克柚子粉
- 7 公克艾斯佩雷辣椒粉
- 200 公克軟化的膏狀奶油

紅鮷魚

- 5 條 300 公克的紅鮷魚
- 融化的半鹽奶油
- 鹽、研磨胡椒粉

馬賽魚湯

- 2 根胡蘿蔔
- 2 顆紅蔥頭
- 1 枝韭蔥
- 1 枝旱芹
- 1 瓣蒜頭
- 1 枝百里香
- 1 片對切月桂葉
- 1 小瓣八角
- 1 小撮番紅花
- 25 毫升甘白葡萄酒
- 1 大匙濃縮番茄糊
- 橄欖油
- 鹽

艾斯佩雷辣椒番茄酥餅

將番茄浸泡在滾水中片刻，之後取出剝皮，對半切並去籽，放進絞肉機，用細的孔徑加以絞碎。加入紅蔥頭及蒜頭，將所有材料放入長柄鍋中，不加蓋，以最小火持續熬煮一整天。煮好時應得到 200 公克極濃縮番茄糊，靜置放涼。加入鹽、柚子汁和柚子粉、艾斯佩雷辣椒粉及奶油。混合攪拌後，攤放在兩張烤盤紙之間，置入冰箱內，使其變硬。

紅鮷魚

將紅鮷魚去鱗、片下魚柳並去骨，置於陰涼處保存。魚肝亦一併保留。

仔細清洗魚骨及魚頭，接著浸入冷水中，以冷水放流沖洗 20 分鐘。

馬賽魚湯

將胡蘿蔔、紅蔥頭、韭蔥、旱芹及蒜瓣切成小丁。倒入橄欖油，將前述辛香料用小火翻炒數分鐘，再加入白酒焰燒。稍微收汁，接著加入濃縮番茄糊。混合攪拌後，以足量的水覆蓋所有材料。煮至沸騰後，再以文火熬煮約 30 分鐘，與煮魚湯的方式相同。接著以濾網過濾，撈除湯汁上的浮油，收汁至融合黏稠狀態。修正調味後，將湯汁及紅鮷魚的魚肝一起混合攪碎。

紅鮷魚烹調

用刷子將融化的半鹽奶油塗抹在一張烤盤紙上，撒上鹽及胡椒粉。將魚放在烤盤紙上，魚皮朝下。將魚連同烤盤紙放進烤盤，入烤箱，以 250°C 烘烤 2 分鐘。取出後，在烤盤上將魚翻面。根據魚的形狀裁切餅皮，在每塊魚柳的外皮上都擺放一片餅皮，靜置 5 分鐘，再把魚放回烤箱中烘烤 1 分鐘。最後，將魚擺放至餐盤上，周圍注入馬賽魚湯。

青醬鰻魚　Anguille au vert

10 人份

鰻魚

- 3 尾 500 至 600 公克埃斯科（Escaut）河產鰻魚，帶魚頭及魚皮*
- 鹽、研磨胡椒粉

醬汁

- 1 枝薄切旱芹
- 3 顆切碎紅蔥頭
- 2 瓣去芽蒜頭
- 100 公克巴黎蘑菇，修整清洗並薄切
- 奶油
- 200 毫升干白酒
- 數枝百里香
- 1 片月桂葉
- 5 顆杜松子

鰻魚青醬

- 20 公克菠菜葉
- 1/2 束扁葉歐芹
- 20 公克酸模
- 20 公克蕁麻
- 4 枝龍蒿
- 4 枝鼠尾草
- 2 枝薄荷
- 20 公克山蘿蔔
- 4 枝羅勒
- 4 枝紫羅勒
- 4 枝芫荽
- 4 枝檸檬草葉
- 150 公克鹽

馬鬱草油

- 200 公克葡萄籽油
- 50 公克新鮮馬鬱草，摘葉

搭配上菜

- 檸檬汁
- 檸檬奶油醬（詳見 p. 19）
- 幾枝馬鬱草或小地榆

* 可向魚販索取魚頭及魚皮。活鰻魚的處理方式為：用一塊毛巾包住鰻魚的頭，用力敲擊鰻魚使其昏迷，接著用鉤子懸掛起來。在頭部繞一圈切劃，把魚皮拉開 1 公分並用力扯下。也可以在水槽中注入少量水，將鰻魚放入，倒進少量伏特加並等待 10 分鐘。接著用鉤子懸掛，按前述步驟把魚皮剝除。

鰻魚

片下鰻魚柳並去骨。撒上鹽及胡椒粉，將兩塊魚柳以頭尾顛倒並排的方式組合在一起，每尾鰻魚切成 4 段。用保鮮膜包裹每段魚塊，並將兩端綁緊，如同血腸之塑形，同時盡量保持鰻魚原本略微扁平的魚身形態。保留鰻魚皮、鰻魚頭及鰻魚骨，清除內臟。

將水注入長柄鍋中加熱，用溫度計測量溫度，確保水溫介於 60 至 65°C 之間。在此恆溫中將鰻魚熬煮 20 分鐘。取出瀝乾後，在保鮮膜包裹的狀態下靜置放涼。

醬汁

將鰻魚頭及鰻魚骨浸入冷水中，以冷水放流沖淨 20 分鐘。用奶油將蔬菜和辛香料在鍋中以小火翻炒數分鐘，加入瀝乾的鰻魚頭繼續以小火翻炒，接著倒入干白酒。加入百里香、月桂葉及杜松子。注入足量的水以覆蓋材料，煮至沸騰，再以文火熬煮 3 至 4 小時，勿加蓋。以濾網過濾、去油，再將醬汁收汁 1/3 的量。

鰻魚青醬

將香料植物的葉子摘除。在 5 公升水中加鹽並煮至沸騰。熄火後，放入香料植物，靜置 4 分鐘，然後在濾網上瀝乾，勿擠壓。置於陰涼處保存，同時亦將煮過的湯汁放涼。將所有混料以絞肉機絞至細碎，同時收集材料及湯汁。若有需要，可添加數滴冷卻的湯汁予以稀釋。

馬鬱草油

將油加熱至 50°C 後放入馬鬱草，以此恆溫浸漬 30 分鐘。熄火後，放進攪拌器中混合攪碎，以長襪型過濾織布加以過濾。注入滴管中保存。

完成與擺盤

將鰻魚醬汁加熱，並修正調味。取下鰻魚的保鮮膜，將魚浸入醬汁中，加蓋並重新微微加熱 10 分鐘，勿煮沸。將鰻魚取出待用，在醬汁中混入香料植物，灑入少量檸檬汁，並用手持攪拌器略微攪打，使整個醬汁變得更加融合黏稠，但不至於收汁成泥狀，在青醬中滴入少許馬鬱草油。將鰻魚擺至盤內，醬汁注入周圍的青醬中。用一點檸檬奶油醬及一枝馬鬱草或小地榆加以綴飾。

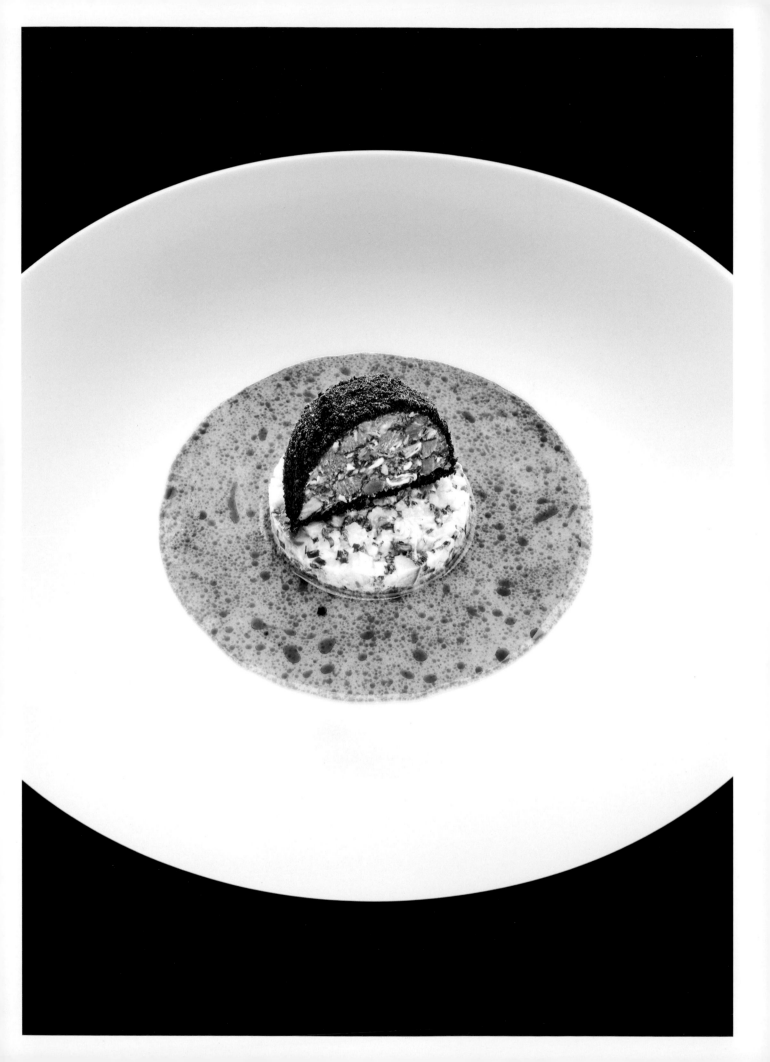

歐芹豬肉凍佐煙燻鰻魚　Chaud-froid de jambon persillé, anguille fumée

40 個半圓球

步驟 1 材料

- 1 塊奧文尼產的豬上肩肉
- 2 根胡蘿蔔
- 1 顆洋蔥
- 1 枝旱芹
- 2 瓣蒜頭
- 1 枝韭蔥
- 2 根丁香、5 顆杜松子、1 小匙黑胡椒粒
- 1 枝百里香
- 2 片月桂葉

鹵水

- 150 公克鹽
- 1 公升水

步驟 2 材料

- 1 支小牛蹄，刮淨並洗淨
- 1 尾小煙燻鰻魚
- 2 根胡蘿蔔
- 1 顆洋蔥
- 1 枝旱芹
- 2 瓣蒜頭
- 1 枝韭蔥
- 2 根丁香、5 顆杜松子、1 小匙黑胡椒粒
- 1 枝百里香
- 2 片月桂葉

香料植物

- 3 束扁葉歐芹
- 10 片薄荷葉
- 1/4 束龍蒿
- 100 公克鹽

步驟 3 材料

- 4 顆紅蔥頭
- 500 毫升干白酒
- 烹煮肉的湯汁
- 醃黃瓜
- 6 瓣蒜頭
- 鹽之花
- 100 毫升侏羅省產黃酒醋
- 1 大匙芥末

歐芹油

- 200 公克葡萄籽油
- 20 公克扁葉歐芹葉

英式麵糊

- 1 條墨魚麵包，若無，則以白吐司取代
- 麵粉
- 12 顆雞蛋蛋白

芹菜根雷莫拉醬
（céleri rémoulade）

- 1 顆芹菜根
- 2 大匙美乃滋
- 少量檸檬汁
- 少許刨絲辣根
- 1/4 束細香蔥

搭配上菜

- 酥炸用油
- 少量檸檬汁

步驟 1：烹煮湯汁

　　將豬肩肉去皮及去骨。將 4 個肉塊（大、中、小、扁）及後小腿分開，後小腿及豬皮大致分切。

　　將皮、後小腿及豬骨放入一個大長柄鍋中，加入食材 2 倍份量的水。將蔬菜切成大丁，連同辛香料一道放入鍋中，以 85℃ 熬煮 24 小時。用濾網過濾並置於陰涼處保存。膠原蛋白可以形成天然的膠凍。

步驟 2：鹵水鹽漬與熟食調理

準備鹵水，用注射器在豬肩肉塊的各個部位注入鹵水，接著將豬肩肉塊浸泡在鹵水中，置於陰涼處 24 小時。漂洗並瀝乾後，放在烤網上並置於陰涼處 24 小時，使其乾燥。取出鰻魚柳，將肉切成 5 公釐的小丁，置於陰涼處保存（稍後將用於芹菜根雷莫拉醬）。

將烹煮豬肉的湯汁加熱至最高 85℃（切勿煮沸）。在步驟 1 所保留的湯汁中加入鰻魚皮、鰻魚骨及鰻魚頭。接著再加入豬肩肉、由蔬菜及辛香配料一道熬煮而成的新的香料配菜，以及小牛蹄。將湯汁加熱至 85℃，並以此恆溫熬煮 9 至 12 小時。當 4 個豬肉塊熟透但肉質仍扎實時，取出並靜置放涼。

繼續以熟食調理方式烹調步驟 1 尚未處理的小牛蹄及煙燻鰻肉丁，讓湯汁蒸發，直至鹹度呈現最完美的狀態，此時湯汁鹹度應與肉的鹹度相同（可品嚐一小塊肉來確認）。接著過濾湯汁，保存待用。

香料植物

將撒鹽的 2 公升水煮至沸騰。熄火後，加入歐芹並靜置 4 分鐘，接著在濾網中瀝乾，勿擠壓，並置於陰涼處保存。將其絞至細碎，同時把原料及流出的汁液收集起來。將其他香料植物切碎。

步驟 3：組合

過濾湯汁，把肉切成每邊 1.5 公分的肉丁，先順著纖維紋理切，再以垂直纖維方向將肉切成肉丁。接著將較肥的部分切成每邊 5 公釐的肉丁。把所有的肉都秤重。

為紅蔥頭去皮並剁至細碎，接著加入白酒，收汁到幾近收乾。加入熬煮的湯汁（以肉重的 10 % 為依據）*及切成細丁的醃黃瓜（以肉重的 5% 為依據）。為蒜頭剝皮，加入少量的鹽之花後，以杵搗成滑順的膏狀，接著加入備料中，並放入醋及肉丁。以最小的文火略微加熱，烹煮約 5 分鐘，勿煮沸。當混料達到均質狀態（肉和湯汁融合在一起），熄火，加入芥末。在最後一刻加入絞碎的香料植物。混合攪拌後，分裝至直徑 6 公分的半圓球形矽膠模具中。將模具輕敲工作檯以排除混料內的空氣，並使其滑順，接著置於陰涼處保存一整夜。

收集所有煮完剩餘的肉汁。

歐芹油

將油加熱至 60℃，放入歐芹，用小型手持攪拌器混合攪碎，製作出色澤鮮綠且滑順的油。用長襪型過濾織布加以過濾並保存備用。

英式麵糊

將墨魚麵包（或白吐司）切片，置入烤箱中烘乾，再用攪拌器攪打成麵包屑。分別準備一個裝麵粉的盤子，一個裝蛋白的盤子，以及一個裝黑色麵包屑的盤子。將半圓球形的歐芹醃肉凍整個裹上麵粉，再裹上蛋白，接著裹上黑色麵包屑。置於陰涼處保存待用。

芹菜根雷莫拉醬

將美乃滋、檸檬汁及辣根混合調製成油醋醬。削去芹菜根的皮並切成細丁，放進煮沸的鹽水中汆燙，接著瀝乾。加入鰻魚小丁並用油醋醬調味。再加入細香蔥。每人的份量計算為 40 公克旱芹、20 公克鰻魚、20 公克油醋醬及 5 公克細香蔥。利用直徑 7 公分的圓形模具，將芹菜根雷莫拉醬擺放至盤中。

完成及擺盤

將 500 毫升之前所保留的湯汁煮至沸騰，加入檸檬汁、切碎香料植物及 50 毫升歐芹油。修正調味，用湯匙攪拌 2、3 下。將半圓球混料放入 170℃ 的油中酥炸 3 至 4 分鐘。一旦外殼變硬就取出，放在鋪有吸油紙的烤盤上瀝乾油份，接著再放進烤爐內，以 180℃ 烘烤 1 至 2 分鐘。自爐內取出後，將一個半圓球鋪放在芹菜根雷莫拉醬上，並於周圍注入湯汁，即可上菜。

* 保留剩餘的湯汁（還剩許多），用於酥皮膠凍，詳見 p. 74—76（可以冷凍保存）。

牛頰燉肉 Carbonade de joue de bœuf

10 人份

牛頰肉

- 10 塊牛頰肉　· 葡萄籽油
- 1 大匙濃縮番茄糊
- 1 大匙麵粉　· 4 公升雞高湯
- 奶油
- 2 公升格林堡（Grimbergen）深棕色啤酒
- 2 顆洋蔥　· 4 瓣蒜頭
- 1 束百里香　· 1 片對切月桂葉
- 4 顆杜松子　· 1 根丁香
- 10 顆砂拉越（Sarawak）黑胡椒粒
- 2 片香料糕餅（pain d'épices）[1]
- 鹽、研磨胡椒粉、刨絲肉豆蔻

辛香配料

- 1 枝韭蔥，薄切
- 1 根胡蘿蔔，薄切
- 1 枝旱芹，薄切
- 2 顆洋蔥，薄切
- 4 瓣蒜頭，薄切
- 1 片月桂葉　· 1 束百里香
- 4 顆杜松子　· 1 根丁香
- 10 顆砂拉越黑胡椒粒

骨髓

- 500 公克牛骨髓
- 500 毫升調味雞高湯

石榴調味料

- 5 顆石榴　· 3 顆橙
- 3 顆葡萄柚　· 500 毫升醬油

完成

- 1 大匙 Tierenteyn 品牌芥末（或精純辛味芥末）
- 英式麵糊（麵粉、略微加鹽的蛋白、麵包屑）
- 酥炸用油
- 50 公克潘泰萊裡亞島產的乾燥續隨子，去鹽
- 野生香料植物

牛頰肉

清理並修整牛頰肉，但保留修整後的碎肉。

在長柄鍋中用葡萄籽油以大火翻炒辛香配料，使其些微上色，加入修整牛頰肉後保留的碎肉，將其煎出金黃色澤。加入濃縮番茄糊混合攪拌，接著加入麵粉，再次混合攪拌。倒入高湯，煮至沸騰，轉小火並以文火持續滾煮 3 小時。將牛頰碎肉自烹調湯汁中取出，保留並過濾湯汁。

在牛頰肉上撒鹽及胡椒粉，用一點奶油將其兩面油煎上色。取出牛頰肉，去除煎鍋裡的油，但保留烹調後的湯汁，接著用啤酒收汁。將 2 顆洋蔥去皮並切成大丁，再將蒜頭剝皮、去芽。在研磨缽中將香料植物（百里香、月桂葉、杜松子、丁香、胡椒粒）磨碎，加入洋蔥及蒜頭，在大長柄鍋中用奶油以大火翻炒，直至稍微上色。放入牛頰肉，使其平鋪在鍋底。加入兩種湯汁：烹調牛頰肉碎肉留下的湯汁，以及煎牛頰肉與啤酒的湯汁。煮至沸騰之後，以文火持續滾煮 2 至 3 小時（牛頰肉的烹調時間取決於牛的年齡）。烹調至湯汁剩下 3/4 的量時，加入香料糕餅，使湯汁更加融合，且香味更加濃郁。完成烹調時，穿刺牛頰肉，牛頰肉的深處應稍具韌性，帶點嚼勁。將牛頰肉取出靜置放涼，另將湯汁收汁至黏稠狀態。用鹽、胡椒粉和肉豆蔻修正調味。

骨髓

煮熟骨髓：把高湯煮至沸騰，再放入骨髓，熄火後，加蓋並繼續燜煮 15 分鐘。靜置放涼。

石榴調味料

將 5 顆石榴對切，用湯匙敲打，使全部果粒掉出。將果粒放入 50 ℃ 的烤爐內乾燥一整夜。將橙及葡萄柚去皮、榨汁。將果皮及果汁加入石榴果粒中。接著加入醬油，慢慢烹煮，使其形成果醬質地的狀態。混合攪拌後過篩。靜置放涼後，裝入擠花袋中。

完成

將牛頰肉切成 1.5 至 2 公分的肉塊，並將骨髓切成細小肉丁。在長柄鍋中加熱一些湯汁，再將牛頰肉及骨髓放入，用最小的文火加溫。可隨時用湯匙舀入少許湯汁，以達到融合黏稠的均質質地，亦即牛頰肉、骨髓及湯汁應融合成一體。熄火後，放入芥末。將此混料均勻平鋪在裹有保鮮膜的烤盤上，以重物加壓，靜置於陰涼處，放涼一整夜。隔天將酥炸油加熱至 170 ℃，將燉肉切成 10 份 2×10 公分的肉條，裹上英式麵糊，酥炸 3 分鐘。取出後，在吸油紙上瀝乾，接著置入烤爐內以 180 ℃ 烘烤 1 分鐘。在濃稠的湯汁上放上牛頰燉肉，並在燉肉上放一點石榴調味料，以乾燥續隨子及野生香料植物綴飾。

---

1 法國東北區域的傳統糕餅，用黑麥發酵而成的老麵與蜂蜜、香料混合烘焙而成，口感介於麵包與蛋糕之間。編注

CROÛTES À PARTAGER
可分切的酥皮肉派

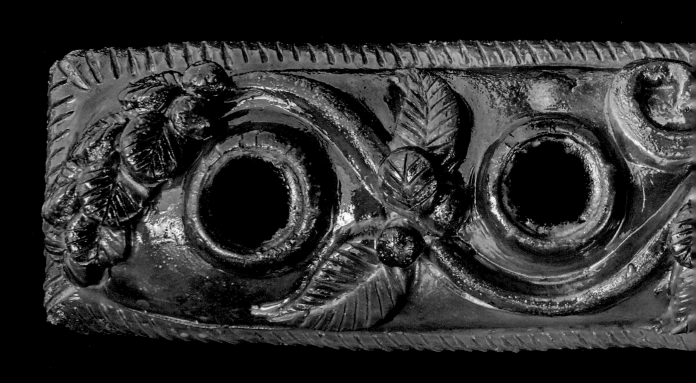

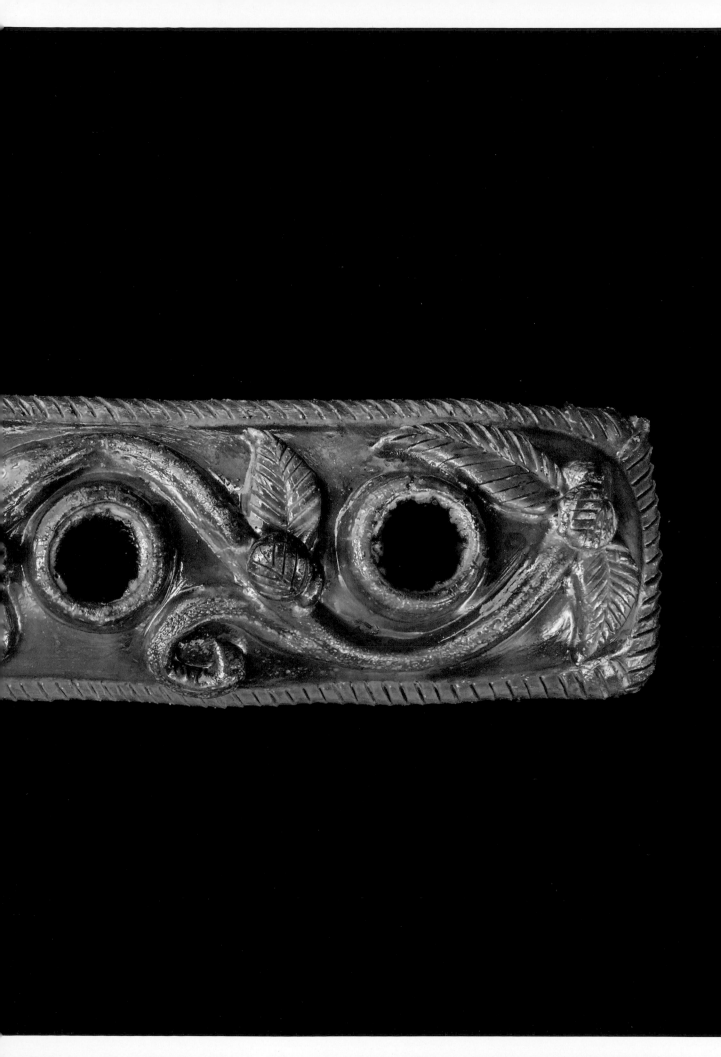

豬肉搭配鴨肉及鵝肝醬餡料的貴族法式肉派

Noble pâté-croûte de porc et de canard, foie gras d'oie

各款法式肉派冷盤的基本概要

- 豬肉內餡是以「豬肉餡」為基底加上「肝醬填餡」所組成。以慣例而言，豬肉餡基底需準備 1 公斤的肉，肝醬填餡需準備 250 公克鵝肝、250 公克紅蔥頭。為了使肉餡具有黏著性，每 1 公斤的豬肉餡（其中包含鴨肉切片〔lèche〕）需加入 1 顆雞蛋。

- 這份配方會做出約 1.5 公斤的肉餡，但不需要用上全部餡料，因為基準就是模具的高度（詳見肉派組合，p.76）。切勿填入全部餡料，因為肉餡可能會溢出且變形，甚至讓肉派碎裂。

- 膠凍部分：慣例上，每 1 公升膠凍需加入 100 毫升的波特酒。

- 蛋黃液部分：切勿攪打蛋黃，只需要用刷子劃破蛋黃膜即可。攪打過的蛋無法附著在生麵團表面，而且無法呈現晶亮的效果。

這份配方在比例上使用 40 公分長，8 公分深及 8 公分寬的模具。若使用不同比例的模具，則要調整食材份量。

根據指定的規格，可預先準備 50 公分長，42 公分寬的紙卡作為比對，以便將擀平生麵團裁切為同樣尺寸。

請詳閱酥皮生麵團（p.190）、肝醬填餡（p.209）及貴族法式肉派（p.222）的製作步驟。

20 份

1 份酥皮生麵團配方
（詳見 p.190）
- 約 1.5 公斤豬肉餡
- 2 顆雞蛋
- 100 毫升紅波特酒

豬肉餡基底
- 500 公克比戈爾產黑豬胸肉，去皮
- 500 公克奧文尼產農養豬肩肉
- 3 公克四香粉 [1]
- 6 公克細鹽
- 6 公克亞硝酸鈉
- 50 毫升紅波特酒
- 1 片月桂葉
- 1 小匙新鮮百里香葉
- 3 公克研磨黑胡椒粉

膠凍 *
（1 公升膠凍的量）
- 2 塊小牛蹄　　　　· 2 公斤豬皮
- 3 公升水

辛香配料
- 1 顆洋蔥對切，釘入 2 根丁香
- 4 顆杜松子　　　　· 2 片月桂葉
- 2 枝百里香　　　　· 4 瓣蒜頭
- 1 小匙芫荽籽，在研磨缽中略微搗碎
- 1 小匙茴香籽　　　· 1 枝新鮮龍蒿
- 2 枝扁葉歐芹　　　· 1 枝韭蔥，縱向對切
- 2 根胡蘿蔔，縱向對切
- 2 枝白芹　　　　　· 2 根蓽拔

1　四香粉（quatre-épices），包括胡椒、薑、肉豆蔻、丁香。譯注

鴨

- 3 塊優質鴨胸肉
- 1 公升水的量需 175 公克細鹽及 75 公克亞硝酸鈉做成鹵水（其中 10% 鹵水用於注射）

肥肝

- 1 葉 500 至 600 公克法國原產新鮮鵝肝

每公斤鵝肝量所需配料

- 6 公克細鹽
- 6 公克亞硝酸鈉
- 2 公克艾斯佩雷辣椒粉
- 25 毫升波特酒
- 一片豬板油薄片
- 1 片豬網油

肝醬填餡

- 250 公克鵝肝，去筋膜並洗淨
- 250 公克紅蔥頭
- 奶油
- 2 枝百里香
- 50 公克紅波特酒
- 鹽、研磨胡椒粉

用於肉派組合的材料

- 蛋黃液：10 顆雞蛋蛋黃
- 150 公克西西里產開心果，不去皮
- 葡萄籽油

豬肉餡基底

將豬胸肉及豬肩肉切成均勻的 2 公分肉塊。先在攪拌盆中放入其他配料，倒入波特酒，接著放入肉塊，用手加以揉捏攪拌。將保鮮膜直接貼著肉覆蓋於上，並冷藏保存 48 小時，好讓鹽充分發揮作用。若以舒肥真空袋浸漬並平放保存，則效果更佳。

膠凍

膠凍是透過熟食調理的方式來取得的。在大尺寸的鍋中放進肉、辛香配料及水，從低溫開始燉煮至 90℃，並維持此溫度（介於 80 至 90℃ 間）48 小時，過程中切勿煮沸。最後濃縮至 1 公升的量，接著用長襪型過濾織布予以過濾。

鴨

將鴨胸肉去皮。以刀將肉去筋。準備鹵水，灌入注射器中，將鹵水均勻注入全部鴨胸肉的每一處位置，注射量是每塊鴨胸肉重量的 10%。完成後，將鴨胸肉悉數放進裝有剩餘鹵水的袋中浸漬，置於陰涼處保存 24 小時，接著放入冰箱，以循環冷氣將鴨胸肉風乾 24 小時。為了讓鹽能繼續發揮作用，且能讓肉塊都均勻吸收鹵水，這段風乾時間有其必要。將鴨胸肉切割成模具的寬度。在波札餐館，我們有一個白鐵模具，是為了我們肉派模具的規格（38×8×6 公分）而製造的。若沒有我們這款模具，則可用一般肉派模具的規格來切割鴨胸肉，酥皮生麵團的厚度也要列入考量。取鴨肉薄片（剩餘的邊角料），切成 5 公釐左右的細丁。

肥肝

去除肥肝的筋膜：分離肥肝葉，並以鉗子挑出筋膜。將去掉筋膜的肥肝秤重（應該要有 500 公克）並取用對應份量的佐料。將肝臟加以調味，以調味料覆蓋並靜置於陰涼處醃漬一整夜。將鵝肝以模具的長度塑造成血腸形狀（必須將生麵團的厚度列入考量），用保鮮膜捲起肥肝，並盡量擠出空氣。在肥肝捲上殘留空氣之處扎孔以使空氣排出，再置入冰箱 1 小時，使肥肝變硬。將豬板油薄片根據鵝肝的長度裁切成長方形，要預留夠大的面積，以便完全包覆鵝肝。仔細將肥肝捲進豬板油薄片中，讓它妥善黏附。把豬板油薄片的兩端切齊。將長柱狀的肥肝肉捲以保鮮膜包覆、捲好，固形後靜置於陰涼處 1 小時。取下保鮮膜後，再將肥肝肉捲用豬網油包覆一圈。

肝醬填餡（步驟詳見 p. 208）

為紅蔥頭去皮，並剁至極細碎。用一點奶油來炒紅蔥頭，勿炒至上色。轉文火後加入鵝肝，撒上鹽、胡椒粉，在平底鍋上翻炒數秒即可，勿炒至熟透。若在這第一個步驟中讓鵝肝熟透，就會無法讓豬肉餡融合黏稠。接著熄火，加入波特酒，混合後將原料從鍋內取出，置於陰涼處保存，時間以原料冷卻為準。用刀盤孔徑 6 號的絞肉機絞碎至極細。

製作豬肉餡

將豬肉餡基底中的月桂葉挑除，再以刀盤孔徑 10 號的絞肉機絞碎豬肉餡。用手將豬絞肉餡和肝醬填餡混合均勻，並加入鴨肉切片。將混料秤重，每 1 公斤加入 1 顆蛋。把蛋加進混料後，用手充分攪拌混合，接著加入第二顆蛋，繼續混合攪拌。此時的肉餡必須具有黏性。

肉派組合

提前 20 分鐘將 1.4 公斤重的部分酥皮生麵團自冰箱內取出。將酥皮生麵團、肉餡、模具、肥肝捲、鴨胸肉及蛋黃液全部放在工作檯上。用擀麵棍稍微碾壓生麵團以便將生麵團擀平，接著擀成 5 公釐的厚度。切掉擀平後的圓形生麵團邊緣，好讓麵團形成四方形，再裁切成 50×42 公分的生麵團。接著依下列規格裁切成：

· 一張 30×42 公分的擀平生麵團，用於肉派底部及側邊；

· 一張 12×42 公分的擀平生麵團，用於肉派頂蓋；

· 兩張 8×12 公分的擀平生麵團，用於肉派末端塑形。

將擀平的大張生麵團鋪放在模具底部，並黏附於模具內緣的各個邊上。每一側超出模具的生麵團寬度都要均等。把兩張用於末端的生麵團鋪上並加以黏合，並用刷子塗上蛋黃。用於末端的生麵團也需要超出模具範圍。將超出模具四邊範圍的生麵團予以裁切，每邊都預留 2 公分。均勻地在模具內按壓生麵團，妥善確保生麵團緊密黏著在模具的內緣。

將 250 公克的肉餡置入生麵團底部均勻鋪平並壓實，注意不要弄破生麵團。沿著生麵團長邊排列兩行開心果，並使開心果略微交疊，這樣一來，切面才會一直都有開心果。加入 250 公克的肉餡並使表面滑順，再將鴨肉鋪放在肉餡上面。利用刮刀，小心將肉餡填進鴨肉及生麵團中間的空隙。覆上 250 公克的肉餡後，重新擺放兩行開心果，再鋪放 250 公克的肉餡，接著在中間鋪放鵝肝捲，並再次鋪上肉餡且覆蓋鵝肝捲。最後加入兩行開心果以及剩餘的肉餡，使其頂端鼓起，肉餡的邊緣應達到模具的高度。使用上了油（我們使用葡萄籽油）的刮刀使肉餡表面滑順。在生麵團超出的範圍塗上蛋黃，將擀平的生麵團置中鋪在上層。用大拇指和食指妥善按壓生麵團，將各邊封實。再將生麵團各邊都塗上蛋黃，

把超出範圍的部分往內翻摺到肉派上。

製作孔洞並裝飾肉派

將 350 公克的小生麵團自冰箱內取出，擀平至 8 公釐的厚度。作出指環形狀的孔洞，用直徑 4 公分的切模裁切出 4 個圓片，以直徑 24 公釐的擠花嘴將圓片穿孔，這些指環即可作為孔洞。若無擠花嘴，亦可使用鋁箔紙圍繞長條管來切出孔洞。將剩餘的生麵團擀平至 5 公釐厚，裁切出 5 公釐寬的長條，作為裝飾的枝條。放置孔洞之前，將肉派的整個表面都塗上蛋黃。

將一個指環黏著在肉派上，並插入一個預先抹上麵粉、直徑 24 公釐的擠花嘴，以刺穿生麵團。移除擠花嘴內的生麵團（勿取下擠花嘴），接著用同樣作法做出其他 3 個孔洞。將 5 公釐寬的長條生麵團裁切做出裝飾用的枝條，塗上蛋黃，繞過孔洞周圍並黏著在派皮上。擺放完成後，再次塗上蛋黃。

用生麵團裁切出葉子及花瓣外形，黏著在枝條上，並塗上蛋黃。再次塗上一層蛋黃，取下擠花嘴，並將肉派置於陰涼處一整夜。

肉派烘烤

隔天，將肉派取出，並重新刷上蛋黃。置於陰涼處 10 分鐘，接著用刀尖在葉片上刻劃出葉脈。置入烤爐，用 170℃ 烘烤約 1 個半小時。可用溫度計探針穿透孔洞，以確認烘烤程度，中心溫度應在 65℃。取出肉派後，靜置 1 小時。

完成肉派

肉派靜置時，將 100 毫升的波特酒煮至沸騰，加入膠凍並加熱至 80℃。肉派靜置 1 小時後，將膠凍從孔洞注入。為使成品臻於完美，要待孔洞內的膠凍凝結後，才將肉派置於陰涼處，凝結時間可達 8 小時。將肉派靜置冷藏兩天後，再取出食用。

★ 作為替代性的膠凍
　　若無真的膠凍，也可以用 200 毫升的紅波特酒、800 毫升的蔬菜高湯（用同樣的辛香配料取得，詳見 p. 74）來製作出替代性的膠凍。將波特酒煮沸。加入蔬菜高湯。將吉利丁放進冷水中使其濕潤，放入經加熱並熄火後的熱混液中。最後再調整味道。

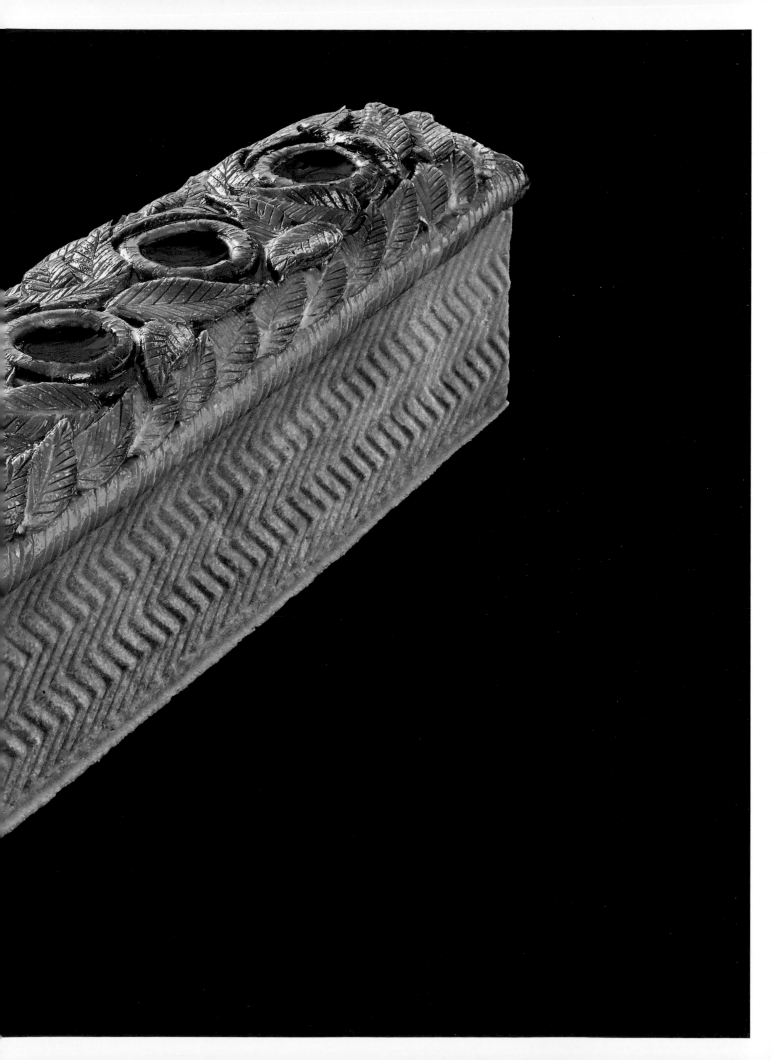

豬肉搭配鴿肉及鵝肝醬餡料的法式肉派
Pâté en croûte au porc et au pigeon, foie gras d'oie

請詳閱酥皮生麵團（p. 190）、肝醬填餡（p. 208）及貴族法式肉派（p. 222）製作步驟。

此配方在比例上使用長 40 公分、寬高均 8 公分的模具。若使用不同比例的模具，則需調整食材份量。

根據指定的規格，可預先準備 50 公分長，42 公分寬刻度的紙卡用於比對，以裁切擀平的生麵團。

20 份

- 1 份酥皮生麵團配方（詳見 p. 190）
- 6 隻優質鴿
- 約 1.5 公斤豬肉餡
- 2 顆雞蛋
- 100 毫升紅波特酒

豬肉餡基底
- 500 公克比戈爾產黑豬胸肉，去皮
- 500 公克奧文尼產農養豬肩肉
- 3 公克四香粉
- 6 公克細鹽
- 6 公克亞硝酸鈉
- 50 毫升紅波特酒
- 1 片月桂葉
- 1 小匙新鮮百里香葉
- 3 公克研磨黑胡椒粉

膠凍 *
（1 公升膠凍的量）
- 2 塊小牛蹄
- 2 公斤豬皮
- 3 公升水

辛香配料
- 1 顆洋蔥對切，釘入 2 根丁香
- 4 顆杜松子
- 2 片月桂葉
- 2 枝百里香
- 4 瓣蒜頭
- 1 小匙芫荽籽，在研磨缽中略微搗碎
- 1 小匙茴香籽
- 1 枝新鮮龍蒿
- 2 枝扁葉歐芹
- 1 枝韭蔥，縱向對切
- 2 根胡蘿蔔，縱向對切
- 2 枝白芹
- 2 根蓽拔

鴿
- 6 隻鴿柳肉
- 每 1 公升水量需 150 公克鹽
  （其中 10% 鹵水用於注射）

肥肝
- 1 葉 500 至 600 公克法國原產新鮮鵝肝
  每公斤鵝肝量需：
  - 6 公克細鹽
  - 6 公克亞硝酸鈉
  - 2 公克艾斯佩雷辣椒粉
  - 25 毫升波特酒

肝醬填餡
- 取 6 隻鴿的鴿肝，約等同 150 公克肥肝的量，去筋膜並洗淨
- 250 公克紅蔥頭
- 奶油
- 1 小匙新鮮百里香葉
- 2 片月桂葉，對切
- 50 公克紅波特酒
- 鹽，研磨胡椒粉

用於肉派組合的材料

· 蛋黃液：10 顆雞蛋蛋黃
· 150 公克西西里產開心果，不去皮
· 葡萄籽油

鴿肉準備

取下鴿柳肉待用，同時也保留鴿肝。將腿肉去骨。

豬肉餡基底

將豬胸肉及豬肩肉均勻切成 2 公分的肉塊，加入去骨的鴿腿肉。在攪拌盆中倒入調味料與紅波特酒混合，然後放入肉塊，用手揉捏攪拌。用保鮮膜直接覆蓋在肉塊表面，冷藏 48 小時，讓鹽分充分作用。亦可裝入舒肥真空袋中浸漬並平放保存，成效更佳。

膠凍

依 p.75 的指示製作。

鴿柳

將鴿柳肉去皮，去筋膜。準備鹵水，將鴿柳肉 10% 重量的鹵水灌入注射器，注射在鴿柳肉深處各個部位。將鴿柳浸漬在剩餘的鹵水中，置於陰涼處 24 小時，接著置入冰箱，以循環冷氣風乾 24 小時。

肥肝

將肥肝葉分開，剔除大的筋膜。將兩葉肥肝塊完整保存待用，依其重量將調味料秤重並調整至適切的量。準備滷汁，並將肥肝葉浸入滷汁中，用滷汁加以按摩。用舒肥真空袋包裝（或以保鮮膜緊密包裹）後置於陰涼處一整夜。

肝醬填餡

將鴿肝秤重，再加入肥肝，使總重量達到 250 公克。依 p.75 的指示製作肝醬填餡。

★ 可使用替代性膠凍取代膠凍（詳見 p. 76）。

製作豬肉餡

自豬肉餡的基底中剔除月桂葉，再將豬肉餡以刀盤孔徑 10 號的絞肉機絞碎，用手將絞碎後的豬肉餡和肝醬填餡混合攪拌。將混料秤重，在每 1 公斤肉餡中加入 1 顆蛋。把蛋加入後，用手充分攪拌混合，接著加入第二顆蛋繼續混合攪拌。此時肉餡必須具有黏性。將鴿柳肉切成邊長 1.5 公分的肉丁，再加進肉餡中充分混合攪拌。取出肥肝，切丁，接著將肥肝塊加入肉餡中小心混合攪拌，避免壓碎。

肉派組合

將 1.4 公斤的酥皮生麵團提前 20 分鐘自冰箱內取出。

將酥皮生麵團、肉餡及模具全部擺放在工作檯上。用擀麵棍稍微碾壓生麵團以便將生麵團擀平，接著擀成 5 公釐的厚度。

切掉擀平後的圓形生麵團邊緣，好讓麵團形成直角狀態，再裁切成 50×42 公分的長方形。接著依下列規格裁切成：

· 一張 30×42 公分的生麵團擀平，用於肉派底部；
· 一張 12×42 公分的生麵團擀平，用於肉派頂蓋；
· 兩張 8×12 公分的生麵團擀平，用於肉派末端塑形。

將擀平的大張生麵團鋪放在模具底部，並黏附於模具內緣的各個邊上。每一側超出模具的生麵團寬度都要均等。把兩張用於末端的生麵團鋪上並加以黏合，用刷子塗上蛋黃。將超出模具四邊範圍的生麵團予以裁切，每邊都預留 2 公分。均勻地在模具內按壓生麵團，妥善確保生麵團緊密黏著於模具的內緣。

將 350 公克的肉餡置入生麵團底部均勻鋪平並壓實，注意不要弄破生麵團。沿著生麵團長邊排列兩行開心果，使開心果略微交疊，這樣一來，切面才會一直都有開心果。加入 350 公克的肉餡後，重新擺放兩行開心果。再鋪放 350 公克的肉餡，接著再重新擺上兩行開心果。把剩餘的肉餡加入，使其頂端鼓起，肉餡邊緣應達到模具的高度。使用上了油（我們使用葡萄籽油）的刮刀使肉餡表面滑順。

在生麵團超出的範圍塗上蛋黃，將擀平的生麵團置中鋪在上層。用大拇指和食指妥善按壓生麵團，將各邊封實。再將生麵團各邊塗上蛋黃，把超出範圍的部分往內翻摺到肉派上。

製作孔洞並裝飾肉派

將 350 公克的小生麵團自冰箱內取出。

擀平至 8 公釐的厚度，作出指環形狀的孔洞，用直徑 4 公分的切模裁切出 4 個圓片。

以直徑 24 公釐的擠花嘴將圓片穿孔，這些指環即可作為孔洞。若無擠花嘴，亦可使用鋁箔紙圍繞長條管來切出孔洞。

將肉派的整個表面都塗上蛋黃。將一個指環黏著在肉派上，並插入一個預先抹上麵粉、直徑 24 公釐的擠花嘴，以刺穿生麵團。移除擠花嘴內的生麵團（勿取下擠花嘴），接著用同樣作法做出其他 3 個孔洞。將剩餘的生麵團擀平成 5 公釐的厚度，裁切出葉子形狀並黏著在肉派上。再塗上一層蛋黃，取下擠花嘴，並將肉派置於陰涼處一整夜。

肉派烘烤

隔天，將肉派取出，並重新刷上蛋黃。置於陰涼處 10 分鐘，接著用刀尖在葉片上刻劃出葉脈。將肉派置入 170℃ 的烤爐內，烘烤約 1 個半小時。可用溫度計探針穿透孔洞，以確認烘烤程度，中心溫度應在 65 ℃。取出肉派後，靜置 1 小時。

完成肉派

肉派靜置時，將 100 毫升的波特酒煮至沸騰，加入膠凍並加熱至 80 ℃。肉派靜置 1 小時後，將膠凍從孔洞注入。為使成品臻於完美，待孔洞內的膠凍凝結後，才將肉派置於陰涼處，凝結時間可達 8 小時。將肉派冷藏 2 天後，再取出食用。

亦可將開心果散放在肉餡中，或者依照下列方式處理：在肉派底部鋪放 250 公克肉餡，接著沿生麵團長邊排列兩行開心果，使開心果略微交疊。接著鋪放 250 公克肉餡並重新放上兩行開心果。再次鋪放 250 公克肉餡後，同樣放上兩行開心果，接下來，鋪放剩餘的肉餡，使其形成鼓起的狀態。
使用刷子將肉餡整個表面略微上油，使其滑順。將生麵團超出的範圍塗上蛋黃，將　平的生麵團小心地置中鋪在上層。用大拇指和食指妥善按壓生麵團，將各邊封實。再將生麵團各邊塗上蛋黃，把超出範圍的部分往內翻摺到肉派上。

布列斯雞法式肉派　Pâté en croûte de volaille de Bresse

請詳閱酥皮生麵團（p.190）、肝醬填餡（p.208）及貴族法式肉派（p.222）的製作步驟。

此配方在比例上使用 40 公分長、25 公分寬及 8 公分高的模具。若使用不同比例的模具，則需調整食材份量。

準備一只烤盤在製作模具底部時使用。

40 份

- 3.5 公斤酥皮生麵團（參閱 p.190）
- 約 3 公斤豬肉餡
- 4 顆雞蛋

豬肉餡基底

- 1 公斤比戈爾產黑豬胸肉，去皮
- 500 公克科雷茲省產小牛的外側後腿肉（noix pâtissière），選取最肥部分
- 500 公克布列斯（Bresse）省產雞腿肉，切丁
- 12 公克細鹽
- 12 公克亞硝酸鈉
- 6 公克研磨黑胡椒粉
- 6 公克四香粉
- 2 小匙新鮮百里香葉
- 3 片月桂葉
- 100 毫升白波特酒

布列斯雞

- 3 隻布列斯雞

  每公斤雞肉：
  - 50 毫升白波特酒
  - 14 公克鹽
  - 3 公克胡椒粉
  - 2 公克乾迷迭香

膠凍
（2 公升膠凍的量）

- 雞胸骨
- 6 公升水
- 400 毫升白波特酒
- 40 公克吉利丁片

辛香配料

- 1 顆洋蔥對切，釘入 2 根丁香
- 4 瓣蒜頭
- 1 枝韭蔥，縱向對切
- 2 根胡蘿蔔，縱向對切
- 2 枝白芹
- 1 枝新鮮龍蒿
- 2 枝扁葉歐芹
- 2 片月桂葉
- 2 枝百里香
- 1 枝迷迭香
- 4 顆杜松子
- 1 小匙芫荽籽，在研磨缽中略微搗碎
- 1 小匙茴香籽
- 2 根蓽拔

肥肝

- 2 葉 500 至 550 公克新鮮法國原產鵝肝

  每公斤鵝肝：
  - 10 公克鹽
  - 2 公克艾斯佩雷辣椒粉
  - 25 毫升白波特酒
- 2 片豬培根肉
- 2 片豬網油

肝醬填餡

- 500 公克布列斯雞的金黃色肝臟，去除筋膜並清潔
- 500 公克紅蔥頭
- 2 枝百里香
- 100 毫升白波特酒
- 奶油
- 鹽、研磨胡椒粉

用於肉派組合的材料

- 蛋黃液：20 顆雞蛋蛋黃
- 300 公克未去殼西西里產開心果
- 葡萄籽油

豬肉餡基底

將豬肉及小牛肉均勻切成 2 公分的肉塊。將調味料放入攪拌盆中，再以波特酒稀釋，接著加入肉類，用手揉捏攪拌。用保鮮膜直接覆蓋肉類並加以包裹，冷藏 48 小時。亦可裝入舒肥真空袋中浸漬並平放保存，成效更佳。

布列斯雞

取下雞胸肉，去骨並保留雞腿，同時也保留雞胸骨、雞骨、雞皮及雞腳。

將雞胸肉縱切成 3 份。

將辛香料充分溶解在波特酒中，以此醃料塗抹所有雞胸肉，接著冷藏 48 小時。

膠凍

將清潔乾淨的雞胸骨，還有雞骨、雞皮及雞腳放在一起，把所有材料放入長柄鍋中，煮至沸騰，撈除浮沫，加入辛香配料，以文火持續滾煮 3 至 4 小時。再以濾網過濾，靜置放涼，撈除浮油並收汁至 1.6 公升的高湯量。接著以長襪型過濾織布加以過濾，加入 400 毫升白波特酒，將酒煮至沸騰以使酒精蒸發，熄火後，加入預先浸泡過的吉利丁片。

肥肝

將兩葉肥肝除去筋膜：分離肥肝葉，並以鉗子挑出筋膜。將去掉筋膜的肥肝秤重，並依據所得重量取用相對份量的佐料。為肝臟調味後，蓋上蓋子，靜置於陰涼處醃漬一整夜。將肥肝以模具的長度塑造出血腸形狀（必須將生麵團的厚度列入考量）。用保鮮膜將其捲起，並盡量擠出空氣。在肥肝捲上殘留空氣之處扎孔，以使空氣排出，再置入冰箱 1 小時，使其變硬。將豬培根肉片根據肥肝的長度裁切成長方形，預留夠大的面積，以便完全包覆肥肝。仔細將肥肝捲進豬培根肉片中，讓它妥善黏著，並切齊肥肝肉捲的兩端。將長柱狀的肥肝肉捲以保鮮膜包覆捲好，固形後靜置於陰涼處 1 小時。取下保鮮膜後，將肥肝肉捲用豬網油包覆一圈。

肝醬填餡

為紅蔥頭去皮，並剁至極細碎。用一點奶油烹調，勿煎至上色。

轉文火後加入雞肝，撒上鹽、胡椒粉，在平底鍋上翻炒數秒，勿熟透。熄火後加入波特酒並混合攪拌，接著從鍋內取出放涼，時間以原料冷卻為準。然後用刀盤孔徑 6 號的絞肉機絞碎到極細緻的程度。

製作豬肉餡

將月桂葉自豬肉餡基底挑除，再將豬肉餡以刀盤孔徑 10 號的絞肉機絞碎，用手將絞碎後的豬肉餡和肝醬填餡混合攪拌。將混料秤重，每 1 公斤的量加入 1 顆蛋。把蛋加入後，用手充分攪拌混合，接著加入剩餘的蛋，繼續混合攪拌。此時肉餡必須具有黏性。將去骨的雞腿肉切成邊長 2 至 3 公分的肉丁，再加入肉餡中，以手混合攪拌。

肉派組合

相關程序請參閱 p.76「貴族法式肉派」以及對應的詳細步驟。

將酥皮生麵團分成 5 份小的生麵團:一份 1.7 公斤用於肉派主體,兩份 500 公克用於肉派末端,一份 700 公克用於肉派頂蓋,一份 600 公克用於裝飾。

將最後一份小生麵團靜置於陰涼處。

用擀麵棍稍微碾壓其他 4 份小生麵團,以便將生麵團擀平,接著擀成 5 公釐的厚度。接著依下列規格再度裁切成:

- 一張 40×45 公分的擀平生麵團,用於肉派底部;
- 一張 25×40 公分的擀平生麵團,用於肉派頂蓋;
- 兩張 10×27 公分的擀平生麵團,用於為肉派末端塑形。

將擀平的大張生麵團鋪放在模具底部,並黏附於模具內緣的各個邊上。每一側超出模具的生麵團寬度都要均等。把兩張用於末端的生麵團鋪上並加以黏合,用刷子塗上蛋黃。將超出模具四邊範圍的生麵團予以裁切,每邊都預留 2 公分。均勻地在模具內按壓生麵團,妥善確保生麵團緊密黏著在模具的內緣。

在模具內鋪放一層肉餡至 1/3 的高度,加入半份的雞胸肉條及鵝肝捲,以縱放方式置於肉派各半部的中央,再將肉餡覆蓋上去,並加入剩餘的雞胸肉條。在組裝肉派的過程中加入開心果,最後鋪上肉餡。將預留的 2 公分生麵團往內摺疊至肉餡上,並刷上蛋黃。將頂蓋的生麵團覆蓋至肉餡上,與往內摺疊的生麵團預留部分互相黏合。

肉派裝飾

將 600 公克的小生麵團擀平至 8 公釐的厚度,製作成指環形狀,作為頂蓋的孔洞,用直徑 4 公分的切模裁切出 4 個圓片,以直徑 24 公釐的擠花嘴將圓片穿孔,這些指環即可作為孔洞。若無擠花嘴,亦可使用鋁箔紙圍繞長條管來切出孔洞。將肉派的整個表面都塗上蛋黃。先將一個指環黏著在肉派上,再插入一個預先抹上麵粉、直徑 24 公釐的擠花嘴,以刺穿生麵團。移除擠花嘴內的生麵團(勿取下擠花嘴),接著用同樣作法做出其他 3 個孔洞。將剩餘的生麵團擀平成 5 公釐的厚度,裁切出葉子形狀並黏著在肉派上。再塗上一層蛋黃,取下擠花嘴,並將肉派置於陰涼處一整夜。用 4 公分的切模造出 4 個孔洞,並製作葉子裝飾頂蓋。最後,塗上一層蛋黃,將肉派靜置於陰涼處一整夜。

肉派的烘烤及完成

隔天將肉派取出,刷上大量蛋黃,置於陰涼處 10 分鐘,在葉片上刻劃出葉脈。將肉派置入烤爐,用 170 °C 烘烤約 3 個小時。可用溫度計探針確認,中心溫度應在 62°C。將肉派取出並靜置 3 小時放涼。從孔洞內逐漸加入溫熱的膠凍,直到孔洞內的膠凍看得出呈現凝結狀態後,才算大功告成。將肉派冷藏 3 天後再取出食用。

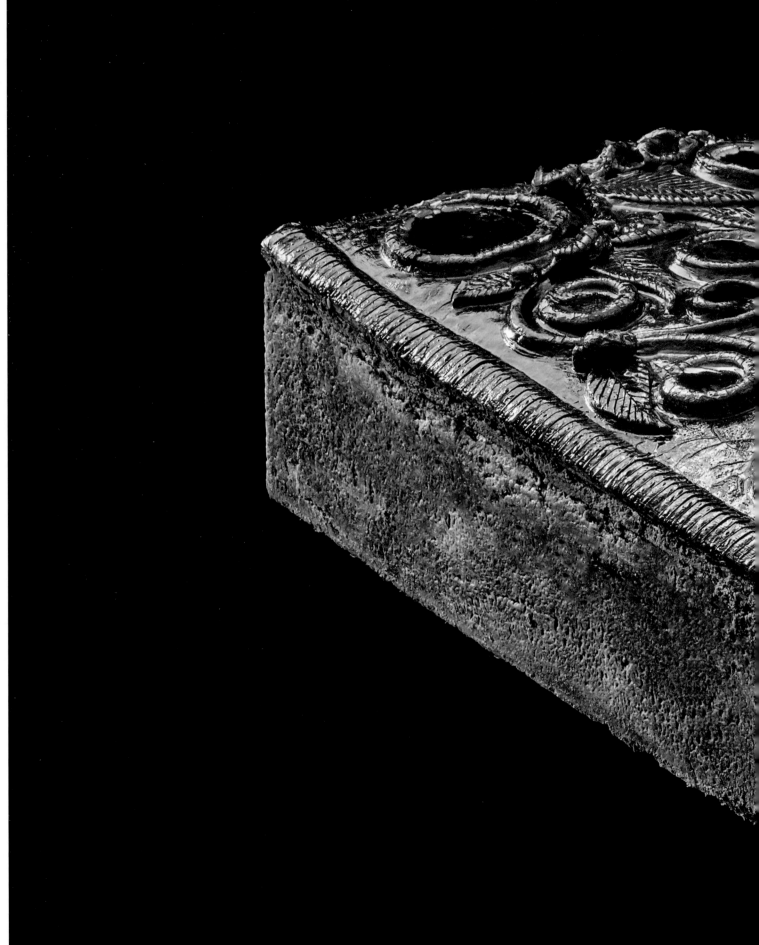

美人奧荷爾的四季枕 L'oreiller de la belle Aurore, en quatre saisons

此配方在比例上使用53公分長、33公分寬及10公分高的模具。若使用不同比例的模具，則應調整食材份量。

準備一只烤盤在製作模具底部時使用。

4種肉餡的製作程序相同，僅成分相異，但我們仍會詳述每種肉餡的製作步驟。

60 份

- 5 公斤酥皮生麵團
- 2 公斤去筋膜鵝肝，切成大塊（每種餡料混入 500 公克鵝肝）
- 400 公克新鮮黑松露（每種餡料放入 100 公克黑松露）
- 肝醬填餡（詳見 p.208）
- 膠凍（詳見 p.74）
- 每公斤豬肉餡需 1 顆蛋
- 400 毫升葡萄籽油
- 蛋黃液（20 顆雞蛋蛋黃）

豬肉餡基底 1
- 2 隻野兔
- 4 隻山鷸
- 4 隻綠頭鴨
- 細鹽、亞硝酸鈉鹽、研磨胡椒粉、乾鼠尾草粉、剁碎杜松子、干邑
- 2 片對切月桂葉
- 些許百里香花朵
- 比戈爾產黑豬五花

豬肉餡基底 2
- 2 隻布爾戈飼養的鴨所製作之血鴨
- 2 隻西方鷓腿

- 4 隻斑尾林鴿
- 細鹽、亞硝酸鈉鹽、研磨胡椒粉、乾鼠尾草粉、剁碎杜松子、杜松子酒
- 2 片對切月桂葉
- 些許百里香花朵
- 比戈爾產黑豬五花

豬肉餡基底 3
- 3 隻母雉雞
- 6 隻鷓鴣
- 細鹽、亞硝酸鈉鹽、研磨胡椒粉、乾鼠尾草粉、剁碎杜松子、紅波特酒
- 2 片對切月桂葉
- 些許百里香花朵
- 比戈爾產黑豬五花
- 200 公克科隆納塔（Colonnata）產豬培根

豬肉餡基底 4
- 2 隻布列斯雞
- 比戈爾產黑豬五花
- 一塊科雷茲省產乳飼小牛肉
- 細鹽、亞硝酸鈉鹽、研磨胡椒粉、乾鼠尾草粉、剁碎杜松子、白波特酒
- 2 片對切月桂葉
- 些許百里香花朵
- 10 塊小牛胸腺
- 奶油

用於 3 種醬汁的辛香配料
- 1 顆對切洋蔥，釘入 2 根丁香
- 1 枝縱向對切韭蔥
- 1 根縱向對切胡蘿蔔
- 1 枝旱芹
- 2 瓣蒜頭　　• 1 枝百里香
- 1 枝新鮮龍蒿

- 2 枝扁葉歐芹　• 4 顆杜松子
- 2 片月桂葉　　• 2 根蓽拔
- 奶油

豬肉餡基底 1
用於切片

取下野兔背肉、山鷸及綠頭鴨柳肉，切成邊長 1.5 公分的肉丁保存待用。以上都是切片。肝臟則用於製作肝醬填餡。將切片秤重並與下列材料混合攪拌：鹽（每公斤肉加入 6 公克細鹽和 6 公克亞硝酸鈉鹽）、胡椒粉（每公斤肉加入 3 公克）、乾燥的鼠尾草粉（每公斤肉加入 3 公克）、杜松子（每公斤肉加入 2 公克）、干邑（每公斤肉加入 50 毫升），月桂葉及百里香。將所有材料加入肉類切片後，用手攪拌混合，冷藏醃漬 48 小時。

用於豬肉餡基底

將野兔腿、山鷸腿及綠頭鴨腿去骨，僅保留腿肉。將這些腿肉秤重，再切成邊長 2 公分的肉丁，並將比戈爾產黑五花肉混入，使總重量補足至 1.5 公斤。理想狀況下，肉餡中至少應有 50% 的豬肉。將混肉浸入與醃漬切片相同材料的醃料中醃漬 48 小時。

用於肝醬填餡

將預留的野味肝臟浸入冷水中，並以冷水放流沖淨 20 分鐘。待其瀝乾後，加入禽類的肝臟，使總重量補足至 500 公克。以肝臟及紅蔥頭製作肝醬填餡（詳見 p 208），靜置 48 小時。

用於豬肉餡

　　將混肉與肝醬填餡一起剁碎。所有混料與切片混合攪拌，每公斤的量混入1顆蛋，使整份混料更為黏稠。

用於醬汁

　　製作能夠增進混肉風味，並使肉餡濕潤及融合黏稠的醬汁。將胸骨淋上少許葡萄籽油，置入烤爐內以190℃烘烤3小時。以大火翻炒辛香配料，加入胸骨，注入雞高湯至覆蓋胸骨的高度，持續熬煮3至4小時。靜置放涼後，去油，收汁至濃稠糖漿狀，再次靜置放涼。取豬肉餡混料10%比重的冷卻醬汁，和入豬肉餡中。

豬肉餡基底 2
用於切片

　　取下鴨柳肉、西方鷓腿肉的瘦肉部分及鴿柳肉，切成邊長1.5公分的肉丁保存待用。以上都是切片。肝臟則用於製作肝醬填餡。將切片秤重並與下列材料混合攪拌：鹽（每公斤的量加入6公克細鹽和6公克亞硝酸鈉鹽），胡椒粉（每公斤的量加入3公克），乾燥的鼠尾草粉（每公斤的量加入3公克），杜松子（每公斤的量加入2公克），杜松子酒（每公斤的量加入50毫升），月桂葉及百里香。將所有材料加入肉類切片後，用手攪拌混合，冷藏醃漬48小時。

用於豬肉餡基底

　　將鴨腿、西方鷓剩餘的腿及鴿腿去骨。將這些腿肉秤重，再切成邊長2公分的肉丁，並將比戈爾產黑豬五花混入，使總重量補足至1.5公斤。理想狀況下，肉餡中至少應有50％的豬肉。將混肉浸入與醃漬切片相同材料的醃料中醃漬48小時。

用於肝醬填餡

　　將預留的肝臟浸入冷水中，並以冷水放流沖淨20分鐘。待其瀝乾後，加入禽類的肝臟，使總重量補足至500公克。以肝臟及紅蔥頭製作肝醬填餡（詳見 p.208），靜置48小時。

用於豬肉餡

　　將混肉與肝醬填餡一起剁碎。所有混料與切片混合攪拌，每公斤的量混入1顆蛋，使整份混料更為黏稠。

用於醬汁

　　製作能夠增進混肉風味，並使肉餡濕潤及融合黏稠的醬汁。將胸骨淋上少許葡萄籽油，置入烤爐內以190℃烘烤3小時。以大火翻炒辛香配料，加入胸骨，注入雞高湯至覆蓋胸骨的高度，持續熬煮3至4小時。靜置放涼後，去油，收汁至濃稠糖漿狀，再次靜置放涼。取豬肉餡混料10%比重的冷卻醬汁，和入豬肉餡中。

豬肉餡基底 3

用於切片

　　取下母雉雞及鷸鴣柳肉，切成邊長1.5公分的肉丁保存待用。以上都是切片。肝臟則用於製作肝醬填餡。將切片秤重並與下列材料混合攪拌：鹽（每公斤的量加入6公克細鹽和6公克亞硝酸鈉鹽），胡椒粉（每公斤的量加入3公克），乾燥的鼠尾草粉（每公斤的量加入3公克），杜松子（每公斤的量加入2公克），紅波特酒（每公斤的量加入50毫升），月桂葉及百里香。將所有材料加入肉類切片後，用手攪拌混合，冷藏醃漬48小時。

用於豬肉餡基底

　　將鴨腿、西方鷓剩餘的腿及鴿腿去骨。將這些腿肉秤重，再切成邊長2公分的肉丁，並將比戈爾產黑豬五花混入，使總重量補足至1.5公斤。理想狀況下，肉餡中至少應有50％的豬肉。將混肉浸入與醃漬切片相同材料的醃料中醃漬48小時。

用於肝醬填餡

　　將預留的肝臟浸入冷水中，並以冷水放流沖淨20分鐘。待其瀝乾後，加入禽類的肝臟，使總重量補足至500公克。以肝臟及紅蔥頭製作肝醬填餡（詳見 p.208），靜置48小時。

用於豬肉餡

　　將混肉與肝醬填餡一起剁碎，科隆納塔產豬培根肉切成邊長5公釐的肉丁。所有混料與切片混合攪拌，每公斤的量混入1顆蛋，使整份混料更為黏稠。

用於醬汁

製作能夠增進混肉風味，並使肉餡濕潤及融合黏稠的醬汁。將胸骨淋上少許葡萄籽油，置入烤爐內以190°C烘烤3小時。以大火翻炒辛香配料，加入胸骨，注入雞高湯至覆蓋胸骨的高度，持續熬煮3至4小時。靜置放涼後，去油，收汁至濃稠糖漿狀，再次靜置放涼。取豬肉餡混料10%比重的冷卻醬汁，和入豬肉餡中。

豬肉餡基底 4

用於切片

取下布列斯雞雞柳肉，切成邊長1.5公分的肉丁保存待用。以上都是切片。肝臟則用於製作肝醬填餡。將切片秤重，並將比戈爾產黑豬五花及比重相同的乳飼小牛肉塊混入，使總重量補足至1.5公斤。接著與下列材料混合攪拌：鹽（每公斤的量加入6公克細鹽和6公克亞硝酸鈉鹽），胡椒粉（每公斤的量加入3公克），乾燥的鼠尾草粉（每公斤的量加入3公克），杜松子（每公斤的量加入2公克），白波特酒（每公斤的量加入50毫升），月桂葉及百里香。將所有材料加入肉類切片後，用手攪拌混合，冷藏醃漬48小時。

用於豬肉餡基底

加熱奶油至起泡狀態，將小牛胸腺煎至兩面金黃，接著置入烤爐內以190°C將每邊烘烤4分鐘。靜置放涼後，切成1至1.5公分的肉塊，冷藏醃漬48小時。

用於肝醬填餡

以肝臟製作肝醬填餡，加入其他布列斯雞的金黃肝臟，使總重量補足至500公克。完成後，靜置48小時。

用於豬肉餡

將混肉與肝醬填餡一起剁碎，再將所有混料與小牛胸腺混合攪拌，每公斤的量放入1顆蛋，使整份混料更為黏稠。

完成 4 種肉餡

將每種肉餡加入500公克切成大塊的鵝肝，及100公克切成3公釐小丁的黑松露。

膠凍

利用p.75貴族法式肉派中的膠凍配方，但不添加酒類。

四季枕組合

將生麵團分成5份小的生麵團：一份2公斤，兩份400公克，一份1.3公斤，一份900公克，並將最後一份小生麵團靜置於陰涼處。

將其他4份小生麵團擀平至7公釐的厚度，接著依下列規格再度裁切成：

- 一張53×57公分的擀平生麵團，用於肉派底部；
- 一張33×53公分的擀平生麵團，用於肉派頂蓋；
- 兩張12×35公分的擀平生麵團，用於肉派末端。

將擀平的大張生麵團鋪放在模具底部，並黏附於模具內緣的各個邊上。每一側超出模具的生麵團寬度都要均等。把兩張用於末端的生麵團鋪上並加以黏合，用刷子塗上蛋黃。將超出模具四邊範圍的生麵團予以裁切，每邊都預留2公分。均勻地在模具內按壓生麵團，妥善確

保生麵團緊密黏著在模具的內緣。將4種肉餡依序漸層鋪放，每層皆均等地鋪放於表面。把預留的2公分生麵團往內摺疊到肉餡上，並塗抹蛋黃。將頂蓋的生麵團覆蓋至肉餡上，與往內摺疊的生麵團互相黏合。

肉派裝飾

將900公克的小生麵團擀平至8公釐的厚度。以直徑3至4公分的不鏽鋼切模裁切出數個大小不等的圓片，將裁切下來的圓片穿孔，並採取貴族法式肉派配方中的方式加以裝飾（詳見p.74）。將肉派靜置於陰涼處一整夜後再取出烹調。

四季枕的烘烤

以溫度計探針穿入四季枕心，將其置入預熱至170°C的烤爐內，探針應顯示62°C的恆溫。預估烘烤需至少4小時。自爐內取出後，從孔洞內吸取多餘的油脂，並趁熱將切模取下，讓四季枕在室溫下靜置2小時，接著放進冰箱內冷藏3小時，之後再注入膠凍。基於肉派的大小，若在肉派太熱時過早注入膠凍，膠凍有可能使肉派破裂。將四季枕靜置於陰涼處，將微溫的膠凍極緩慢地注入孔洞中。膠凍一旦在孔洞中凝固（預估需數小時），就算是大功告成。48小時後，以火焰噴槍沿模具周圍掃過一遍，再用刀沿肉派周圍劃過，將模具自上方取下。以毛巾覆蓋肉派，再覆蓋一塊砧板，將肉派倒放在覆蓋著毛巾的砧板上，藉此取下烤盤。將四季枕以保鮮膜包裹，並靜置於冰箱一週，之後再分切食用。

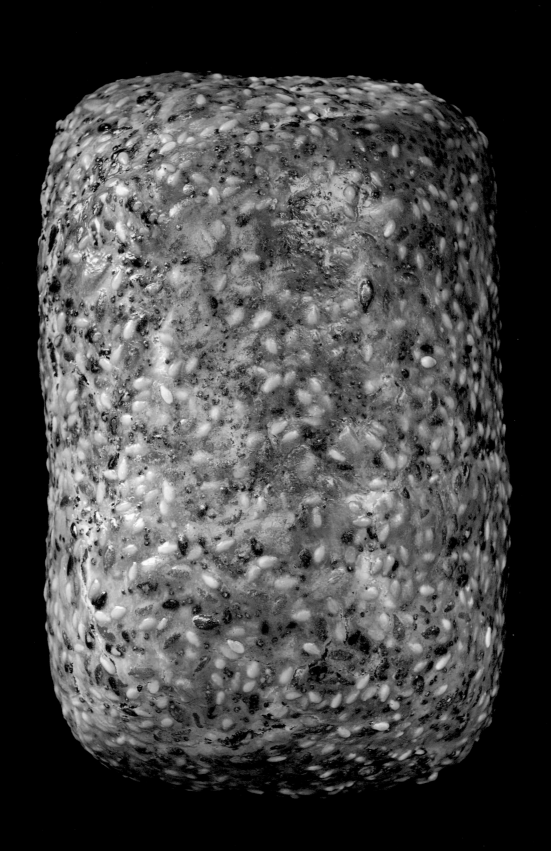

皇家山鴿佐肥肝及鰻魚　Pigeon du mont Royal, foie gras et anguille

4 人份

鴿、肥肝及鰻魚
- 2 隻 550 至 600 公克的鴿
- 1 葉（350 公克）鵝肝
- 葡萄籽油
- 職人釀造醬油
- 1 尾 800 公克的鰻魚或 1 塊 200 公克的鰻魚柳*
- 6 片高麗菜葉（或皺葉甘藍）
- 鹽、研磨胡椒粉

鰻魚高湯
- 1 枝薄切旱芹
- 1 顆切碎紅蔥頭
- 2 瓣去芽蒜頭
- 50 公克修整、洗淨且薄切的巴黎蘑菇
- 奶油
- 200 毫升干白酒
- 幾枝百里香
- 1 片月桂葉
- 5 顆杜松子

穀類瓦片生麵團
- 350 公克小麥麵粉
- 150 公克黑麥麵粉
- 175 公克小塊奶油
- 50 毫升水
- 10 公克鹽
- 2 或 3 顆雞蛋
- 1 片海苔
- 1 大匙白芝麻
- 1 大匙黑芝麻
- 1 大匙罌粟籽
- 1 大匙棕亞麻籽
- 1 大匙黃亞麻籽
- 1 大匙葵花籽
- 蛋黃液（3 顆雞蛋蛋黃）

鴿湯汁
- 鴿胸骨
- 奶油
- 1 根胡蘿蔔
- 1.5 枝旱芹
- 1 顆洋蔥
- 碾碎黑胡椒
- 1 根蓽拔
- 花椒粒
- 100 毫升紅酒醋
- 1/2 公升波爾多紅酒
- 1/2 公升雞高湯

---

* 可向魚販索取魚頭及魚皮。活鰻魚的處理方式為：用一塊毛巾包住鰻魚的頭，用力敲擊鰻魚使其昏迷，接著用鉤子懸掛起來。在頭部繞一圈切劃，把魚皮拉開 1 公分並用力扯下。也可以在水槽中注入少量水，將鰻魚放入，倒進少量伏特加並等待 10 分鐘，接著用鉤子懸掛，按前述步驟把魚皮剝除。

鴿與鰻魚

　　從鴿中取下鴿柳並去皮。鴿柳切分為二，形成皮夾狀，再把第二塊鴿柳塞入其中。以保鮮膜包裹整個鴿柳，捲成一個美麗的長方形。靜置於陰涼處保存待用。片下鰻魚柳（詳見 p. 63），保留魚頭、魚皮及魚骨以製作高湯。

肥肝

　　將肥肝切成 2 塊美麗的長切片（escalope），再切成類似鴿柳的長方形，厚度至少要有 2 公分。

　　在平底鍋中注入薄薄的一層葡萄籽油並加熱，快速把長切片兩面以高溫煎出金黃色澤。將鍋底油分完全去除，熄火後，加入幾大匙醬油。把肥肝片以醬油充分澆淋浸漬，接著靜置於室溫下。

鰻魚高湯

將鰻魚頭及鰻魚骨浸入冷水中，並以冷水放流沖淨20分鐘。

用奶油將蔬菜和辛香料在鍋中以小火翻炒數分鐘，加入瀝乾的鰻魚頭，繼續以小火翻炒，接著注入干白酒，加入百里香、月桂葉及杜松子。注入足量的水以覆蓋材料，煮至沸騰，接著以文火熬煮3至4小時，勿加蓋。最後以濾網過濾、去油，將湯汁收汁1/3的量。

煙燻鰻魚

當高湯備好時，將鰻魚柳放入溫度介於55至60°C的高湯中燉煮30分鐘，靜置放涼。接著點燃桌上型煙燻機中的木屑。去除魚柳頭側5公分長的部分以及扁平部分，保留魚柳20公分的中間部位。將魚柳置於烤架，關上煙燻機，燻2分鐘。接著將魚柳翻面，再度關上煙燻機，在熄火後靜置放涼，將魚柳切成類似鴿柳及肥肝片的長方形。

內部組合

拿掉鴿柳上的保鮮膜，撒上鹽和胡椒粉。將肥肝擺在鴿柳上，再將鰻魚柳置於肥肝上。用保鮮膜捲起整個肉片組合配料，在上面扎出數孔以排出空氣，並將肉捲綑緊，使鰻魚那一側呈現出美麗的圓形。置於陰涼處一整夜。

鴿湯汁

將鴿胸骨剁碎，塗上奶油，置入烤箱以180°C烘烤，只要烤出金黃色澤即可，無須烤透。將切丁蔬菜和碾碎黑胡椒、蓽拔及花椒粒放入鍋中，用奶油以大火翻炒，勿煎至上色。加入鴿胸骨，用紅酒醋收汁至一半的量。注入波爾多紅酒及雞高湯，以文火持續滾煮3小時，接著以細篩網過濾、去油，再繼續收汁，直至湯汁變得油亮、滑順且略微黏稠，融為一體。

穀類瓦片生麵團

將麵粉圍成井狀，中間中空的部分摻入奶油，與麵粉拌揉成砂礫狀態，接著加入水及鹽。將此生麵團加以拌揉，最後加入雞蛋。亦可使用有揉麵鈎的攪拌機來攪拌生麵團。把海苔放在烘烤機（salamandre）上焙烤兩面，接著放進攪拌器中攪碎成粉末。將穀類置入烤爐內或平底鍋中焙乾，直至略微上色。將海苔粉及所有材料均勻和入生麵團中。用擀麵棍將生麵團盡可能擀薄，然後把它鋪放在兩張烤盤紙之間，置於陰涼處。

當生麵團定形後，拿掉上層烤盤紙，將生麵團裁切成15×20公分的長方形。

外部組合及烹調

將高麗菜葉以加鹽的滾水滾煮6分鐘，取出後瀝乾、攤平。切除菜莖的隆起部分，以及厚度超出菜葉的菜莖，用擀麵棍小心將葉片擀平，勿撕裂，接著將菜葉平放於一塊布上。拿掉用來包裹內部組合的保鮮膜，再用3片漂亮的高麗菜葉予以包覆，捲個兩圈。接著再次用保鮮膜包裹起來，置於陰涼處1或2小時。之後，去除保鮮膜，換成用穀類瓦片生麵團來包裹。接合處應位於內部組合下方，先用蛋黃液加以黏合，再用手指充分捏平並密封。將它放在保鮮膜上，小心地將保鮮膜繞著外部組合翻轉，勿使生麵團破損，置於陰涼處1小時。去除保鮮膜後，刷上一層蛋黃液，再次置於陰涼處15分鐘。接著重新刷上蛋黃液，接著置入烤爐內以190°C烘烤20分鐘。自爐內取出後，靜置5分鐘，切片。搭配鴿湯汁即可上菜。

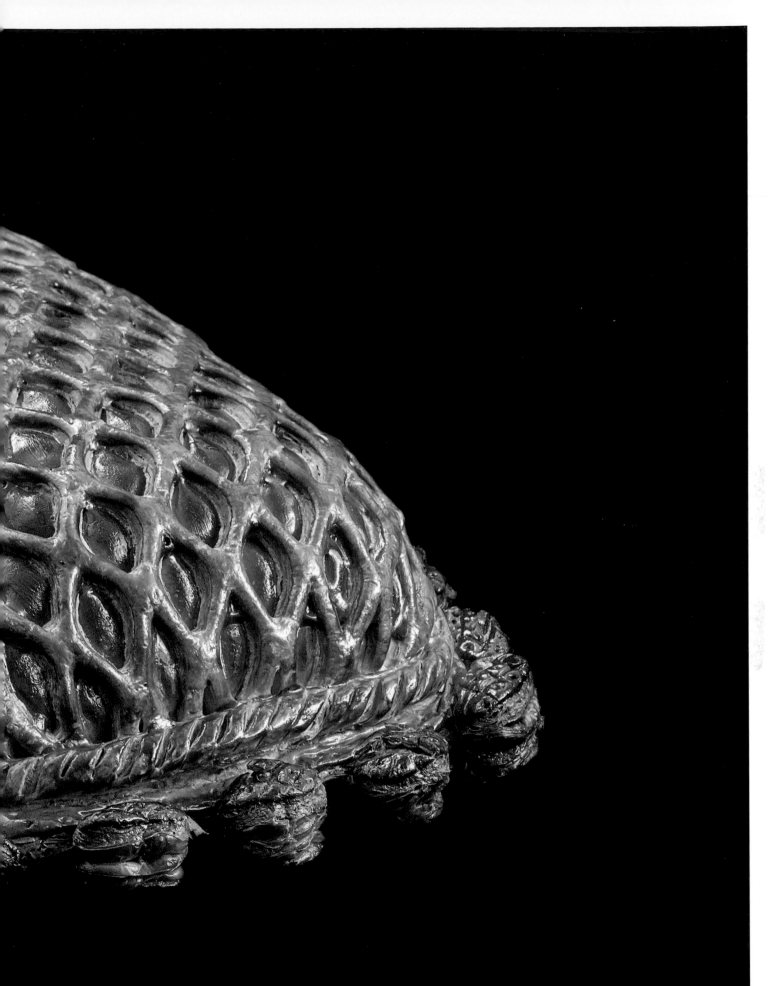

庫利比亞克　Koulibiak

請詳閱庫利比亞克（p. 242）及香料植物薄餅（p. 204）製作步驟。

8 人份

鮭魚
- 1 尾 6 公斤蘇格蘭產野生鮭魚
- 葡萄籽油
- 鹽，研磨胡椒粉

白醬
- 1 公升牛乳
- 150 公克金色麵糊（詳見 p. 206）
- 鹽、研磨胡椒粉、肉荳蔻

蘑菇醬（duxelles）
- 1 公斤巴黎蘑菇
- 2 顆剁碎紅蔥頭
- 2 瓣剁碎蒜頭
- 奶油

菠菜
- 500 公克新鮮菠菜
- 奶油、鹽

蕎麥
- 200 公克卡莎（烤過的蕎麥）
- 1/4 顆剁碎紅蔥頭
- 1 片月桂葉
- 些許新鮮百里香花朵
- 200 毫升家禽高湯
- 4 枝韭蔥
- 奶油、鹽、研磨胡椒粉

水煮蛋
- 4 顆雞蛋

香料植物薄餅
- 8 公克扁葉歐芹，去葉
- 8 公克山蘿蔔，去葉
- 8 公克細香蔥
- 2 顆雞蛋
- 300 毫升牛乳
- 125 公克麵粉
- 4 公克鹽
- 50 公克融化奶油
- 葡萄籽油

用於組合的材料
- 1 份（2 公斤）酥皮生麵團配方（詳見 p. 196）
- 蛋黃液（10 顆雞蛋蛋黃）

鮭魚

鮭魚去皮。將魚頭端 5 公分部分及魚尾切除，保留魚柳的中心部位，使其厚度一致且勻稱。此外亦去除魚腹，如此便能形成一塊長 35 公分的長方形肉塊。肉塊兩面均撒上鹽。在平底鍋底部鋪一張烤盤紙，以旺火加熱平底鍋，注入油，使其充分覆蓋烤盤紙。將鮭魚放在烤盤紙上煎出金黃色澤，並利用烤盤紙翻面。勿將鮭魚煎熟，須高溫油煎並保持生肉狀態。將鮭魚另一面也煎出金黃色澤，接著用兩支刮刀小心地將鮭魚從平底鍋中取出，勿使其碎裂及破損，否則除了水分會流失之外，也會有損裝入庫利比亞克之後的烹調成品。把魚放在烤盤上，兩面都撒上胡椒粉，置於陰涼處保存待用。

白醬

將牛乳煮至沸騰，再將冷的金色麵糊逐漸加入牛乳中，同時用打蛋器攪拌。當混料變得濃稠，用手持攪拌器加以攪打，以消除顆粒。撒上鹽、胡椒粉、肉荳蔻，接著置於室溫下保存，勿置入冰箱冷藏。

蘑菇醬

將蘑菇修整、清洗、瀝乾，並切成細丁。把紅蔥頭剁碎並為蒜頭去芽。用奶油以小火翻炒蘑菇，當蘑菇水分蒸發後，加入紅蔥頭及蒜頭，蓋上鍋蓋，以最小的文火繼續烹煮 30 分鐘。掀蓋後，將火稍微開大，讓蘑菇醬燒乾。加入 2 大匙白醬，這是為了使庫利比亞克在烹調後易於塑形。取出蘑菇放入攪拌盆中，置於陰涼處冷卻。

菠菜

去除菠菜的根部，洗淨並以奶油快速炒熟。將菠菜放進濾篩中瀝乾，邊擠壓邊收集炒熟後的汁液。用刀將菠菜粗略剁碎。煮沸收集到的菠菜汁液，加入少許冷的金色麵糊混合均勻，接著再加入菠菜拌勻。取出後，置於陰涼處。

蕎麥

將蕎麥充分攪洗並瀝乾，以滾水迅速汆燙，並再次瀝乾。將紅蔥頭、月桂葉及百里香放入長柄鍋中，用奶油以大火翻炒一會兒。加入蕎麥翻炒數分鐘，使其呈現油亮狀態，接著注入高湯至覆蓋混料的高度。煮至沸騰後，轉為小火，不加蓋，再以文火滾煮 15 分鐘。蕎麥應維持彈牙口感。在烹調至 3/4 的過程時，撒上鹽及胡椒粉。

完成烹煮後，瀝乾蕎麥。將韭蔥切成細丁，用一小塊奶油以大火極快速地翻炒。韭蔥應維持生鮮狀態。將蕎麥及韭蔥混合攪拌，接著加入 2 大匙白醬，靜置於陰涼處。

水煮蛋

把水煮沸後，將 4 個雞蛋以文火滾煮 9 分鐘。之後剝除蛋殼並用叉子搗碎，或用一個大篩網過篩。

香料植物薄餅（詳細步驟請見 p. 204）

將香料植物剁至極細碎。用打蛋器將蛋和牛乳攪拌在一起，接著注入麵粉中攪拌混合。撒鹽後，加入融化的奶油及香料植物，用手持攪拌器一起攪打以釋放葉綠素。靜置於陰涼處 2 小時。在平底鍋或薄餅煎鍋中抹油，將薄餅生麵團攤平至 1 公釐厚度，兩面煎熟，勿煎至過度焦黃。

庫利比亞克的內部組合

將 6 張香料植物薄餅在保鮮膜上攤開，接著在薄餅上放一層 1 公分厚，與鮭魚柳尺寸相同的菠菜。以小的彎型蛋糕刮刀壓實並刮平菠菜，使其滑順。

用蕎麥—韭蔥混料重新進行相同操作。將兩片長方形的紙板平行放置，作為導引，接著在紙板之間依序擺上：

- 一層非常薄的水煮蛋鋪層；
- 一層 1 公分厚的蘑菇鋪層；
- 鮭魚（擺放在紙板之間，並覆上幾枝蒔蘿）；
- 一層蘑菇鋪層；
- 一層薄水煮蛋鋪層；
- 一層蕎麥／韭蔥混料。

取下導引用紙板，用菠菜覆蓋整個內部組合配料。將薄餅摺疊至整個組合上，修剪薄餅使組合配料均勻，接著再用兩張薄餅覆蓋，使組合配料完全隱藏在薄餅內。將保鮮膜摺至組合捲上，緊實包裹，置於陰涼處一整夜，好固定整個組合配料的形狀。

庫利比亞克的外部組合

　　由於這道料理的烹調方式涉及到在外殼內蒸煮食材，所以無須製作孔洞。將酥皮生麵團攤平成 30×50 公分，厚度 2.5 公釐的長方形，用派皮滾針在整個表面上穿刺。取下用來包裹整個組合的保鮮膜（若有必要則將組合加以修整），把組合擺放在攤平的酥皮生麵團中央。

　　用刷子在整個組合周圍刷上蛋黃液，接著將一張 40×60 公分的酥皮生麵團直接鋪放在組合配料上，並完美塑造出與其相符的形狀，在整個表面刷上蛋黃液。將另一塊生麵團擀平至 2.5 公釐的厚度，並用麵皮拉網刀滾過生麵團，形成網格。將網格狀生麵團鋪放在組合上。接著以 1 公分寬的麵團長帶環繞一圈，並刷上蛋黃液來黏合。

　　將半根牙籤以均等的間隔放置，作為切割「小耳朵」的參考。接著用刀切割出「小耳朵」（完成後勿忘將牙籤取下），並輕輕壓平。在整個庫利比亞克的表面刷上蛋黃液，但勿使蛋黃液流進網格內。置於陰涼處 10 分鐘，再次刷上一層蛋黃液，接著用刀在「小耳朵」上面刻劃，以刀尖戳刺並切割出裝飾花紋。

庫利比亞克的烹調

　　將庫利比亞克置入 180℃ 的烤爐內烘烤 1 至 1 個半小時。烘烤完成時，用溫度計探針確認鮭魚肉心溫度，此時應在 36℃。靜置 5 分鐘，即可切片上菜。

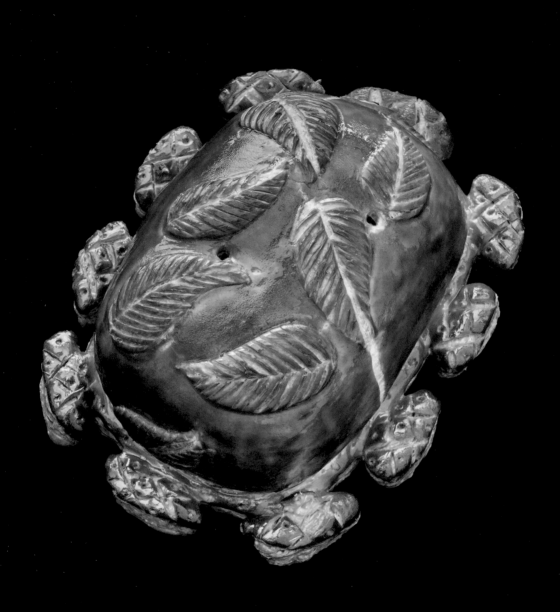

酥皮羅西尼牛排　Bœuf Rossini en croûte

5 塊或 10 人份

羅西尼牛排

- 1 塊 3 公斤諾曼第（Normandie）產純牛里肌肉
- 鹽之花、研磨胡椒粉
- 1 顆高麗菜（皺葉甘藍）
- 奶油
- 干邑
- 2 大葉鵝肝
- 葡萄籽油
- 240 公克黑松露

松露牛肉汁

- 1 根紅蘿蔔、1 枝旱芹、2 顆洋蔥，以及 3 或 4 瓣蒜頭的蔬菜細丁組合
- 葡萄籽油
- 牛里肌碎肉
- 初烹牛脂（以精煉者為首選）
- 1 大匙濃縮番茄糊
- 1 大匙麵粉
- 5 公升雞高湯
- 200 毫升紅波特酒
- 1 大匙剁碎黑松露
- 松露油

用於組合的材料

- 1 份酥皮生麵團配方（詳見 p. 196）
- 蛋黃液（10 顆雞蛋蛋黃）

高麗菜

剝除高麗菜最外面的幾片深綠葉片，留下完整的綠色嫩葉。將菜葉以加鹽的滾水滾煮 6 分鐘，接著取出、瀝乾並攤平。用刀尖切除超過菜葉的菜莖部分，再以擀麵棍將菜葉擀平，將菜葉平放於一塊布上。

羅西尼牛排

將牛里肌加以修整，去除較不嫩且較肥的部分（chainette），保留里肌心並切分為 5 份，每份 250 公克。將每份牛里肌用線在兩處綑綁，使其形成美麗的圓形（即 tournedos。譯按：亦即嫩菲力）。撒上鹽、胡椒粉。把牛里肌圓片置於加熱後的焦化奶油（beurre noisette）中，兩面皆加熱上色，同時保持一分熟（bleu）的狀態。去除煎鍋中的油脂，以干邑焰燒並快速使其冷卻。將每葉肥肝切出 2 塊美麗的長切片，寬度愈寬愈好，厚度則至少 2 公分。把肥肝切片放進平底鍋中用少許葡萄籽油煎過，以干邑焰燒並快速使其冷卻。將肥肝切片修整成與牛里肌圓片一樣的形狀。用切片機將松露切成薄片，並將松露切片以魚鱗狀覆蓋在肥肝的整個表面上，接著用保鮮膜裹起，置於陰涼處 1 小時，待其「凝固」。

將每塊牛里肌圓片從側面對切，如同切開漢堡麵包。把覆有松露切片的肥肝上的保鮮膜移除，夾進對半切開的牛里肌圓片中，就像在漢堡中間夾入配料。用保鮮膜包裹並予以加壓，但勿壓扁，以塑造出美麗的形狀。靜置於陰涼處 1 小時，待其固形。移除保鮮膜後，將 4 片高麗菜葉攤平，分兩次把牛肉包好，接著再裹上保鮮膜，靜置於陰涼處一整夜。

松露牛肉汁

將蔬菜細丁組合放進長柄深鍋中，用葡萄籽油以文火燉煮，勿煮至上色。同時，將修整下來的牛里肌部分用牛脂煎至上色，須使其充分呈現出金黃色澤。將肉瀝乾，放入蔬菜，並加入濃縮番茄糊，以刮刀拌炒數分鐘使糊料化開，接著加入麵粉。注入雞高湯，以文火持續滾煮 5 至 6 小時，以濾網過濾，收汁至 800 毫升。加入紅波特酒，繼續以最小的文火收汁 20 分鐘，再加入松露切片。最後滴入少許松露油。

組合

由於這道料理的烹調方式涉及到在外殼內蒸煮食材，所以無須製作孔洞。將酥皮生麵團攤平成 5 片 15×20 公分的長方形。用派皮滾針在整個麵團表面上穿刺。取下包裹牛肉組合配料的保鮮膜，將其擺放在攤平的酥皮生麵團中央。

用刷子在整個組合周圍刷上蛋黃液，接著將 5 張 20×25 公分攤平的酥皮生麵團直接鋪放在組合配料上，並完美塑造出與組合相符的形狀。以酥皮生麵團製作葉片裝飾，並刷上蛋黃液加以黏合，接著將整個表面都刷上蛋黃液，靜置於陰涼處保存 1 小時，再刷最後一次蛋黃液。完成「小耳朵」（詳見「皮蒂維耶酥皮餅」的製作步驟）並用刀尖在上面刻劃出葉脈（詳見「貴族法式肉派」的步驟）。

烹調

將溫度計探針插入肉心，置入烤爐內以 190°C 烘烤。20 分鐘後，將爐內溫度降至 170°C，再繼續烘烤 40 至 45 分鐘。當肉心溫度達到 36°C 時，將酥皮羅西尼牛排自爐內取出並靜置 5 分鐘。最後切片，並佐以松露牛肉汁上菜。

巴斯克豬搭配鵝肝豬肉派　Tourte charcutière au porc basque, foie gras d'oie

4 人份

肝醬填餡

- 100 公克紅蔥頭
- 奶油
- 2 瓣剁碎蒜頭
- 1 片月桂葉
- 2 枝百里香
- 100 公克家禽肝臟
- 20 毫升紅波特酒
- 鹽、研磨胡椒粉

豬肉餡

- 250 公克比戈爾產黑豬胸肉
- 250 公克奧堤札（Oteiza）品牌的巴斯克（basque）產豬肩肉，去皮
- 8 公克細鹽
- 2 公克黑胡椒
- 1 公克四香粉
- 1 公克百里香
- 1 片月桂葉
- 1 公克迷迭香粉
- 1 顆雞蛋
- 30 毫升紅波特酒
- 20 公克（1 串）新鮮去籽泰國青胡椒

小牛胸腺

- 1 塊漂亮的小牛胸腺
- 可倫坡（colombo）式混合香料
- 奶油
- 鹽

肥肝

- 1/2 葉鵝肝
- 葡萄籽油
- 一抹干邑
- 鹽、胡椒

牛肉汁（或褐高湯〔fond brun〕）

- 1 根紅蘿蔔、1 枝旱芹、2 顆洋蔥，以及 3 或 4 瓣蒜頭的蔬菜細丁組合
- 葡萄籽油
- 1.5 公斤牛碎肉
- 初烹牛脂（以精煉者為首選）
- 1 大匙濃縮番茄糊
- 1 大匙麵粉
- 5 公升雞高湯

用於組合的材料

- 200 公克大葉菠菜
- 一張直徑 12 公分的香料植物薄餅（詳見 p. 204）
- 一份酥皮生麵團配方（詳見 p. 196）
- 蛋黃液（3 顆雞蛋蛋黃）
- 鹽

肝醬填餡（詳見 p. 208 步驟）

　　為紅蔥頭去皮，並剁至極細碎。用一點奶油拌炒，勿炒至上色。轉為極小的文火後加入鵝肝，撒上鹽及一輪研磨胡椒粉，在鵝肝上澆淋奶油及香料，但勿使其熟透。若在此第一個步驟中讓鵝肝熟透，就無法讓豬肉餡融合黏稠。熄火後加入波特酒，再從鍋內取出鵝肝，置於陰涼處保存。時間以原料冷卻為準，接著用刀盤孔徑 6 號的絞肉機絞碎至極細程度。

豬肉餡（詳見 p. 256 步驟）

　　將豬胸肉切塊。把鹽溶於波特酒中，加入其他香料（除了新鮮青胡椒之外），並將所有材料與肉混合攪拌，靜置於陰涼處一整夜。用刀盤孔徑 10 號的絞肉機絞碎豬肉，再將上一個步驟中絞碎的肝醬填餡加入豬絞肉中，用雞蛋使整份混料融合黏稠。最後，加入新鮮的去籽青胡椒。

小牛胸腺

用刀將小牛胸腺加以修整，以冷水放流沖淨 20 分鐘。將小牛胸腺乾燥後，用辛香混料及少許鹽調味，放進平底鍋中用加熱至起泡的奶油以高溫油煎，接著置入烤爐內以 180°C 將每邊烘烤 5 分鐘。完成後，靜置放涼。

肥肝

將肥肝切出 2 塊美麗的長切片，尺寸為 2 公分厚、4 公分寬及 10 公分長的長方形。用葡萄籽油將兩面加以油煎上色，接著去除鍋底油分，用干邑加以焰燒。從鍋中取出後撒上鹽及胡椒，靜置放涼。

牛肉汁

將蔬菜細丁組合放進長柄深鍋中，用葡萄籽油以文火燉煮，勿煮至上色。同時，將牛碎肉用牛脂煎至上色，須使其充分呈現金黃色澤。將肉瀝乾，放入蔬菜細丁，並加入濃縮番茄糊，以刮刀拌炒數分鐘使糊料化開，接著加入麵粉。注入雞高湯，以文火持續滾煮 5 至 6 小時。訣竅是使用長柄深鍋，如此才不致讓蒸發速度高於烹調速度。最後以濾網過濾，收汁至一半的量。

內部組合

將菠菜以加鹽的滾水汆燙、瀝乾，浸入冷水冰鎮，取出後攤放在廚房紙巾上。將小牛胸腺切成與肥肝相同的形狀。將肥肝與小牛胸腺分別以菠菜捲起，再將兩者一起捲進菠菜中，形成一個塊狀物。製作出兩個相同的塊狀物，用保鮮膜加以包裹，置於陰涼處保存。將豬肉餡對分。取一個直徑 12 公分，高度 3 公分的圓形切模，將香料植物薄餅放入圓形切模底部。在上面鋪一層薄豬肉餡，接著將組合置於中間，再以豬肉餡覆蓋並塑造出圓頂形狀。用保鮮膜裹住，靜置於陰涼處數小時。

外部組合

由於這道料理的烹調方式涉及到在外殼內蒸煮食材，所以無須製作孔洞。將酥皮生麵團擀平成 2.5 公釐的厚度，再分別裁切出直徑 18 公分與 28 公分的兩片圓片，將較小的圓片用派皮滾針穿刺出小孔。把上一步驟的組合配料脫模後，置於圓片中央。在生麵團表面刷上明顯的蛋黃液，另外在邊緣範圍預留 1 公分不刷蛋黃液。將另一片擀平的生麵團圓片加以覆蓋，並將其壓實，以充分排出空氣。用齒狀滾輪刀裁切出一條帶狀生麵團，將圓頂基底刷上蛋黃液，並以帶狀生麵團環繞一圈，將之黏合。用齒狀滾輪刀裁切環繞肉派的生麵團，並在邊緣範圍預留 2 至 3 公分。將整個表面都刷上蛋黃液後，靜置於陰涼處至少 6 小時。

烹調

在烹調前，刷上最後一次蛋黃液，並用刀尖與竹籤製作裝飾。置入烤爐內以 190°C 烘烤 20 分鐘後，將爐內溫度降至 170°C，繼續烘烤 25 分鐘。靜置 5 分鐘，接著切片。與牛肉汁一起搭配上菜。

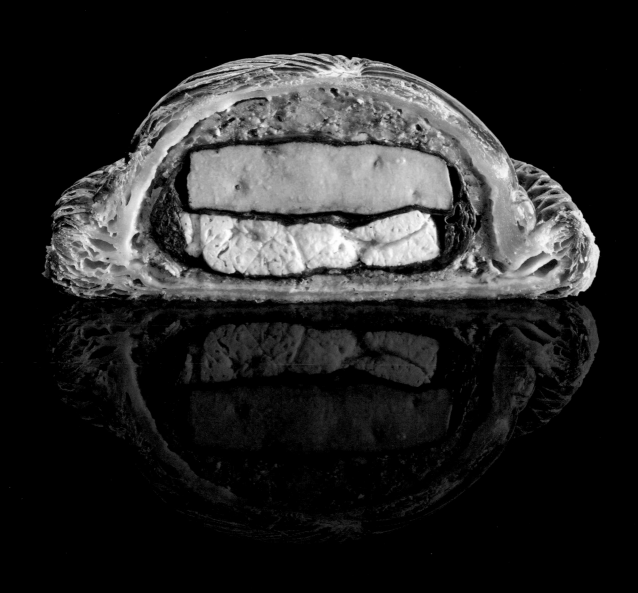

威靈頓牛排　Bœuf Wellington

10 人份

牛里肌
- 3 公斤諾曼第產純牛里肌肉
- 奶油
- 50 毫升干邑

牛肉汁
- 1 根紅蘿蔔、1 枝旱芹、2 顆洋蔥，以及 3 或 4 瓣蒜頭的蔬菜細丁組合
- 葡萄籽油
- 牛里肌碎肉
- 初烹牛脂（以精煉者為首選）
- 1 大匙濃縮番茄糊
- 1 大匙麵粉
- 5 公升雞高湯

蘑菇醬
- 1 公斤巴黎蘑菇
- 奶油
- 2 顆剁碎紅蔥頭
- 2 瓣剁碎蒜頭
- 100 公克牛肉汁

用於組合的材料
- 第戎芥末
- 4 張香料植物薄餅（詳見 p. 204）
- 1 份酥皮生麵團配方（詳見 p. 196）

牛里肌
　　去除牛里肌邊緣較不嫩且較肥的部分，僅保留 30 公分的牛里肌心。將牛里肌碎肉預留起來。把牛肉綑綁成烤肉塊（rôti）狀態，接著置於焦化奶油中炙烤，每面皆上色，但切勿進一步烹調，須保持一分熟。用干邑焰燒，取出後置入冰箱或冷凍庫，使其快速冷卻。

牛肉汁
　　將蔬菜細丁組合放進長柄深鍋中，用葡萄籽油以文火燉煮，勿煮至上色。同時，將牛碎肉用牛脂煎至上色，須使其充分呈現金黃色澤。將碎肉瀝乾，放入蔬菜細丁，並加入濃縮番茄糊，以刮刀拌炒數分鐘使糊料化開，接著加入麵粉。注入雞高湯，以文火持續滾煮 5 至 6 小時。訣竅是使用長柄深鍋，如此才不致讓蒸發速度高於烹調速度。最後以濾網過濾，收汁至一半的量。

蘑菇醬
　　將蘑菇清理、洗淨，並切成細丁。用加熱至起泡的奶油以大火翻炒蘑菇，待逼出水分後，轉為文火，使水分蒸發。加入紅蔥頭及蒜頭，蓋上鍋蓋，繼續烹煮 30 分鐘。接著注入牛肉汁並掀蓋烹煮，直到蘑菇吸收所有醬汁。取出蘑菇醬。

內部組合
　　將牛肉的綁繩解開，在整塊牛肉上塗抹一層漂亮的第戎芥末。把保鮮膜鋪平在工作檯上，再鋪放 4 張香料植物薄餅並使其相互輕疊，以形成邊長約 35 公分的正方形。接著塗抹一層蘑菇醬，形成 5 公釐厚、邊長 30 公分的正方形。

　　將牛肉鋪放在蘑菇醬的內緣，拉起保鮮膜，把牛肉捲進蘑菇醬及薄餅中，同時要注意勿將保鮮膜捲入。在上面扎出數個小孔以排出空氣，再塑造成緊實的血腸形狀。靜置於陰涼處一整夜。

外部組合

　由於這道料理的烹調方式涉及到在外殼內蒸煮食材，所以不須製作孔洞。將酥皮生麵團攤平成 25×45 公分的長方形，用派皮滾針在整個表面上穿刺。取下包裹組合配料的保鮮膜，再將組合配料擺放在攤平的酥皮生麵團中央。用刷子在整個組合周圍刷上蛋黃液，接著將一張 40×60 公分的酥皮生麵團直接鋪放在組合配料上，並完美塑造出與其相符的形狀，將整個表面刷上蛋黃液。把另一塊生麵團擀平至 2.5 公釐的厚度，並用麵皮拉網刀滾過生麵團，形成網格，將網格狀生麵團鋪在組合上。接著將 1 公分寬的生麵團長帶用蛋黃液刷一圈，加以黏合。

　將半根牙籤以均等間隔放置，作為切割「小耳朵」的參考。接著用刀切割（完成後勿忘將牙籤取下），把「小耳朵」輕輕壓平。整個表面刷上蛋黃液，但勿使蛋黃液流進網格內。置於陰涼處 10 分鐘，再次刷上一層蛋黃液，接著用刀在「小耳朵」上面刻劃，以刀尖戳刺並劃切出裝飾花紋。

烹調

　置入烤爐內以 190°C 烘烤 20 分鐘，接著將爐內溫度降至 170°C，再繼續烘烤 40 至 45 分鐘。當烘烤完成時，將溫度計探針插入肉心，此時溫度應在 42°C。自爐內取出時，溫度計探針仍留在肉心裡，等待溫度達到 49°C 時，切片，並搭配已經濃縮的牛肉汁上菜。

酥皮高麗菜捲，搭配羅宋湯風味的法式清湯　Chou farci, consommé façon bortsch

詳細步驟請見 p. 260

8 人份

高麗菜
- 2 顆高麗菜（皺葉甘藍）
- 鹽

肉餡
- 750 公克比戈爾產黑豬胸肉
- 750 公克科雷茲省產小牛肉
- 21 公克鹽
- 30 毫升白波特酒
- 3 公克研磨黑胡椒
- 2 小撮百里香葉
- 1 片半月桂葉

小牛胸腺
- 3 塊小牛胸腺
- 可倫坡式混合香料
- 奶油
- 鹽

羅宋湯風味的法式清湯
- 小牛胸腺碎肉
- 1 根胡蘿蔔
- 1 枝韭蔥
- 1 枝旱芹
- 1 片月桂葉
- 1 束百里香
- 2 瓣蒜頭
- 1 顆洋蔥
- 4 顆杜松子
- 些許砂拉越黑胡椒粒
- 家禽高湯
- 高麗菜心
- 4 顆紅甜菜根
- 鹽

蒜油
- 2 顆粉紅蒜頭
- 500 毫升橄欖油

用於組合的材料
- 香料植物薄餅生麵團（詳見 p. 204）
- 1 份酥皮生麵團配方（詳見 p. 196）
- 蛋黃液（10 顆雞蛋蛋黃）

高麗菜
　　剝除高麗菜最外面的幾片深綠葉片，並小心摘下其他菜葉，保留菜心以製作菜汁。將菜葉以加鹽的滾水滾煮 6 分鐘，浸入冷水冰鎮、瀝乾。用刀切除超過菜葉的菜莖部分，再以擀麵棍將菜葉擀平，並平放於一塊布上。保留切除的部分及損傷的菜葉。

肉餡
　　將兩種肉剁碎。把鹽加入波特酒中，並放入其他香料，將全部混料與兩種肉混合攪拌，靜置冷藏一整夜。隔天，將保留的高麗菜莖及菜葉剁碎，加入肉餡中。將擀好的菜葉攤平在一大張保鮮膜上，並使菜葉相互輕疊，再將整個肉餡以均勻的厚度平鋪一層在菜葉上。

小牛胸腺
　　用刀修整小牛胸腺（保留碎肉），以冷水放流沖淨 20 分鐘。將小牛胸腺乾燥後，用辛香混料及少許鹽調味，放進平底鍋中用加熱至起泡的奶油以高溫油煎，接著置入烤爐內以 180°C 將每邊烘烤 5 分鐘。完成後，靜置放涼。將小牛胸腺切成 5 公釐厚的薄片，在肉餡上平均排成 4 行。用高麗菜葉捲起所有混料，並塑造出勻稱的血腸形狀，再修剪兩端。將菜捲以保鮮膜緊實包裹，在上面扎出數孔以排出空氣，接著靜置冷藏保存一整夜。
　　在鐵板（plancha）上製作 2 大張香料植物薄餅，或在薄餅煎鍋上製作出更多份量。將菜捲捲入薄餅內，使其完全隱藏，再用保鮮膜緊實包裹，兩端扭緊，置於陰涼處保存一整夜。

蒜油

　　將蒜瓣剝皮、去芽，放進長柄鍋中並倒入橄欖油。讓溫度慢慢升至 80℃，之後熄火，加蓋並浸泡兩日。置於陰涼處保存待用。

羅宋湯風味的法式清湯

　　把辛香配料切成細丁，用奶油將細丁與小牛胸腺碎肉以大火翻炒。倒入大量家禽高湯以覆蓋材料，加入香料植物及其他香料，煮至沸騰。放入絞碎的高麗菜心以及只有刷洗過的完整甜菜根，以小火烹煮 2 小時。之後用濾網過濾，取出甜菜根。將湯汁收汁，接著將甜菜根去皮、磨碎後加入湯汁。修正調味並以少許蒜油提味。

組合

　　由於這道料理的烹調方式涉及到在外殼內蒸煮食材，所以無須製作孔洞。將酥皮生麵團攤平成 30×50 公分的長方形，從保鮮膜中取出菜捲，將其捲入相互交疊成 5 公分厚的酥皮生麵團中。當生麵團把菜捲包裹一圈時，在生麵團的整個長邊刷上蛋黃液以黏合邊緣。

　　將超出的多餘部分切除，用蛋黃液加以黏合，並捏平「接縫處」好使其充分接合。讓生麵團緊密黏附在菜捲上，把生麵團末端黏起，並將超出的多餘部分以齒狀滾輪刀切除，只留下 4 至 5 公分的邊。把整個組合都刷上蛋黃液。將一張酥皮生麵團裁切出 25×40 公分的長方形，接著用麵皮拉網刀滾過生麵團，形成網格。形成網格後將超出的多餘部分切除（因不易使派皮滾針筆直滾過，所以必須預留少許邊緣部分）。將網格貼附在組合上，把組合的兩端加以接合，並用滾輪刀裁切出兩條 1 公分寬的長帶予以黏合固定。把整個表面都刷上蛋黃液，但勿使蛋黃液流進網格內。置於陰涼處 10 分鐘，再次刷上一層蛋黃液後，才進行烹調。

烹調

　　將溫度計探針插入肉心，置入烤爐內以 180℃ 烘烤約 1 個半小時。當肉心溫度達到 59℃ 時，將菜捲自爐內取出，溫度計探針仍留在肉心裡，靜待溫度達到 64℃。之後切片，並搭配法式清湯上菜。

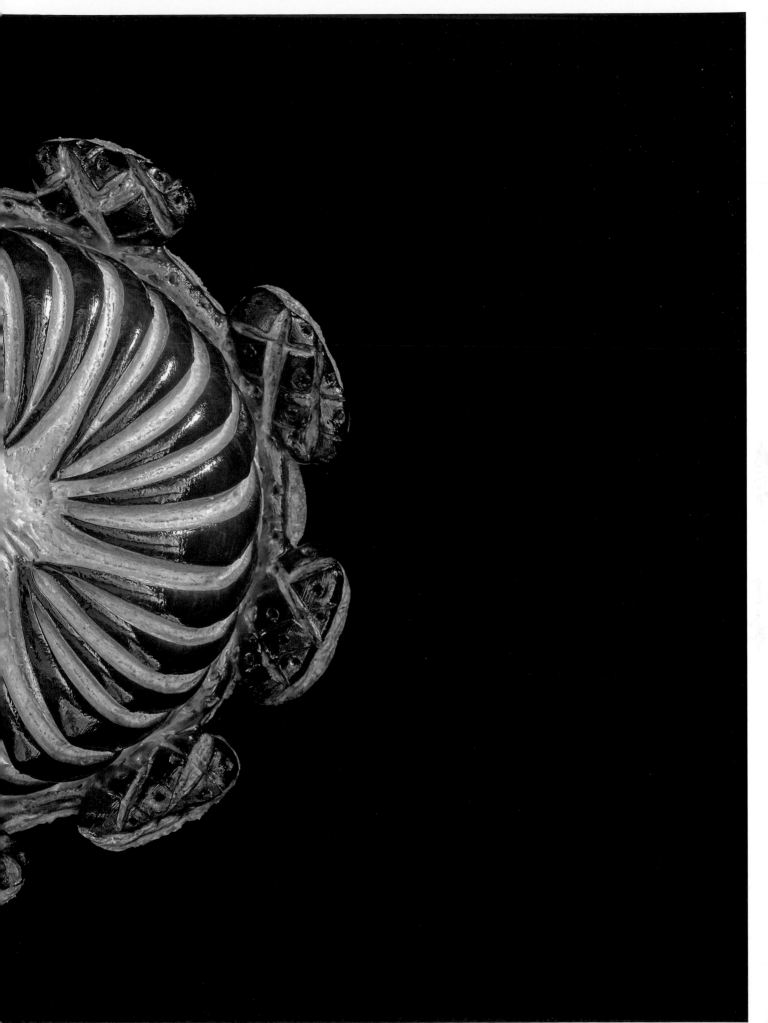

鴨肉搭鵝肝皮蒂維耶酥皮餅　Pithiviers de canard et de foie gras d'oie

詳細步驟請見 p. 266

4 人份
（2 塊皮蒂維耶酥皮餅）

鴨及濃鴨汁
- 1 隻血鴨（若條件允許，以布爾戈飼養的鴨為佳），未放血，3.5 公斤
- 1/2 顆洋蔥
- 1/2 根胡蘿蔔
- 1/2 枝旱芹
- 1 瓣蒜頭
- 1/2 大匙濃縮番茄糊
- 1 根蓽拔、5 顆杜松子、5 公克砂拉越黑胡椒粒、1 根丁香、2 瓣大茴香（八角）及些許肉桂碎片
- 1/2 瓶波爾多紅酒
- 2.5 公升雞高湯
- 鹽、胡椒

油封鴨腿
- 鴨腿
- 奶油
- 2 顆洋蔥
- 2 根胡蘿蔔
- 2 枝旱芹
- 4 瓣蒜頭
- 百里香、月桂葉
- 2 大匙濃縮番茄糊
- 1 瓶紅酒
- 雞高湯
- 香料：2 根蓽拔、12 顆杜松子、1/2 小匙砂拉越黑胡椒粒、3 根丁香、1/2 瓣大茴香（八角）及些許肉桂碎片

肉餡
- 100 公克新鮮羊肚菌（或根據季節選用牛肝菌、雞油菌、巴黎蘑菇）
- 奶油
- 75 公克胡蘿蔔（若條件允許，以橙色和黃色為佳）
- 75 公克旱芹數枝，撕除粗糙纖維
- 1 顆切碎紅蔥頭
- 1 瓣剁碎蒜頭
- 1 大匙剁碎扁葉歐芹
- 200 公克大葉菠菜
- 鹽

鴨柳
- 鴨柳
- 奶油
- 20 毫升干邑

肥肝
- 1 葉鵝肝
- 葡萄籽油
- 干邑
- 鹽、胡椒

用於組合的材料
- 1 份（2 公斤）酥皮生麵團配方（詳見 p. 196）
- 蛋黃液（10 顆雞蛋蛋黃）
- 1 片直徑 10 公分香料植物薄餅（詳見 p. 204）

濃鴨汁

摘下鴨腿，取出鴨柳，剝下鴨柳皮。保留鴨腿及鴨柳。取鴨胸骨並清空內部，同時取下鴨皮及所有碎肉。將辛香配料一起切成小丁，用奶油以小火翻炒 20 多分鐘，但不上色。加入碾碎的胸骨，以略旺的大火翻炒數分鐘，接著加入濃縮番茄糊及香料。混合攪拌片刻使番茄糊化開之後，倒入紅酒，收汁至一半的量。注入雞高湯，以最小的文火持續燉煮 5 至 6 小時。接著以濾網過濾，靜置放涼。撈除表面浮油。

油封鴨腿

以焦化奶油將鴨腿煎出金黃色澤。取出鴨腿後，去除鍋中多餘油脂並加入辛香配料，以大火翻炒片刻，加入濃縮番茄糊，再重新放入鴨腿並倒入紅酒。加入雞高湯至覆蓋鴨腿的高度，放進香料，以最小的文火燉煮 3 小時。取出鴨腿後，以濾網過濾湯汁，靜置放涼，撈除表面浮油。將兩種鴨汁（鴨腿及鴨胸骨）混合在一起，接著將其收汁至濃稠糖漿狀（約 1 公升）。

肉餡

剝除鴨腿皮並將鴨腿去骨，剔除筋膜，腿肉切成小塊。充分清理羊肚菌，將其對切並以奶油快速炒熟，加蓋，用小火烹煮 10 分鐘，切成小塊。蔬菜的總重量（胡蘿蔔及旱芹）應為 150 公克。將蔬菜切成細丁，用少許奶油以大火翻炒，當蔬菜開始出水，便加入紅蔥頭及蒜頭，胡蘿蔔要燉煮至幾乎熟透。加入一大湯匙濃鴨汁，持續烹煮至胡蘿蔔軟爛，接著放進鴨腿、羊肚菌及歐芹。取出後，將菠菜放進煮滾的鹽水中汆燙 30 秒，浸入冷水冰鎮、瀝乾並攤放在廚房紙巾上。將數片菠菜葉堆疊在一起，用兩個直徑 10 公分、高 6 公分的切模予以切割。在圓形模具底部放入菠菜葉，再將肉餡等量分成兩份，分別放進兩個模具內，並將表面整平。

鴨柳

用焦化奶油將鴨柳的兩面以高溫油煎，接著用干邑焰燒。鴨柳應充分呈現金黃色澤，卻仍保持生肉狀態。將鴨柳心切成厚片，最後兩端切成直徑 10 公分的圓片。將鴨柳放在肉餡上，以一個圓形模具覆蓋，上面必須標記出一條線，以便稍後能在皮蒂維耶酥皮餅的中央部位縱切，而非垂直切割。不要忘了在組合配料時，把這條線再次標記在麵團上。

肥肝

將肥肝葉切成 2 個漂亮的大塊及 4 個小塊：從小肥肝葉及大肥肝葉中取 2 個漂亮的大塊，並在大肥肝葉剩餘的邊角部分取 4 個小塊。將肥肝塊兩面以少許葡萄籽油高溫油煎。去油，用干邑焰燒，撒上鹽、胡椒，接著取出。將肥肝塊裁切並組合（大塊的置中），以取得 2 個直徑 10 公分的圓厚片。將肥肝放在鴨柳上，並將切線與鴨柳的切線對齊。再切一層菠菜，覆蓋於肥肝和鴨柳的組合上。用保鮮膜緊實包裹起來，將組合配料塑造出美麗的形狀，置於陰涼處保存一整夜。

外部組合

由於這道料理的烹調方式涉及到在外殼內蒸煮食材，所以無須為皮蒂維耶酥皮餅製作孔洞。將酥皮生麵團擀平成 2.5 公釐的厚度，再分別裁切出直徑 18 公分與 28 公分的兩個圓片，將較小的圓片用派皮滾針穿刺出小孔，裁切成圓形的香料植物薄餅則放在較小的圓片中央。把組合配料脫模後，置於圓片中央。在生麵團表面刷上明顯的蛋黃液，將第二片的生麵團擀平圓片覆蓋於其上，並將生麵團壓實，以充分排出空氣。

用齒狀滾輪刀裁切出一條帶狀生麵團，在圓頂基底刷上蛋黃液，並將帶狀生麵團環繞貼附一圈。不要忘了將生麵團外部黏上一小條標線，作為較高處的參考標示。在皮蒂維耶酥皮餅周圍的生麵團切割出「小耳朵」後，將整個表面刷上蛋黃液，靜置於陰涼處至少 6 小時。

烹調

在烹調前，重新刷上一次蛋黃液，用刀尖與竹籤標記線條及製作裝飾。置入烤爐內以 220°C 烘烤 10 分鐘，接著以 190°C 烘烤 20 分鐘，最後再以 165°C 烘烤 20 至 30 分鐘，同時將溫度計探針插入鴨肉心，此時溫度應在 42°C。自爐內取出皮蒂維耶酥皮餅時，溫度計探針仍留在肉心裡。待溫度達到 49°C 後，即可將酥皮餅對切，並搭配經加熱的濃鴨汁上菜。

LES PLATS DE RÉSISTANCE, POISSONS OU VIANDES

魚或肉類主菜

刀削韃靼牛肉　Tartare de bœuf taillé au couteau

肉及配料
（每份韃靼牛肉的量）
- 150 公克諾曼第產牛前腰脊肉，去筋去肥
- 1 顆生雞蛋蛋黃

薯片
（每份韃靼牛肉的量）
- 100 公克賓哲品種馬鈴薯

美乃滋
（600 公克的量）
- 2 顆雞蛋蛋黃
- 20 公克芥末
- 4.5 公克鹽
- 3 公克研磨胡椒粉
- 500 公克葡萄籽油
- 18 毫升白醋
- 少量水

醬料 *
（800 公克醬料的量）
- 150 公克美乃滋
- 7.5 公克芹鹽
- 5 公克 Tabasco® 辣椒醬
- 15 公克伍斯特醬
- 50 公克第戎芥末
- 1 顆塞文山脈產甜洋蔥，切至細碎
- 10 根剁碎醃黃瓜
- 50 公克潘泰萊裡亞島產續隨子，去鹽
- 1/2 束切碎扁葉歐芹

★ 冷藏可保存 4 週，但切勿冷凍。

美乃滋
　　將蛋黃、芥末、鹽及胡椒攪拌混合，靜置 5 分鐘。接著用油以打蛋器攪打，加入醋及水，繼續攪打 5 分鐘。

醬料及韃靼牛肉調味料
　　將美乃滋、芹鹽、Tabasco® 辣椒醬、伍斯特醬及芥末以打蛋器攪拌混合，接著將醬料及其他材料攪拌混合。

薯片
　　將馬鈴薯去皮並清洗，將其切成薄片，接著用直徑 4 公分的切模切成圓片。仔細清洗後，用廚房餐巾紙擦乾，分別在兩面撒鹽，將其平鋪在兩個矽膠烤盤之間，勿上油。置入 165℃ 的烤爐內烘烤 12 至 16 分鐘。

完成與擺盤
　　每份韃靼牛肉需要 30 公克的醬料及 1 顆生雞蛋蛋黃。用刀削切牛前腰脊肉，將肉及醬料置入攪拌盆內攪拌混合。將調味好的肉以 1 公分高、直徑 12 公分的圓形模具在每個餐盤上塑形，薯片以魚鱗狀完全覆蓋於韃靼牛肉上，完成後上菜。

藍龍蝦佐潘波勒菜豆及西班牙香腸　Homard bleu, cocos de Paimpol, chorizo

4 人份

西班牙香腸（chorizo）
- 375 公克奧文尼產豬胸肉
- 125 公克牛肩肉
- 8 公克鹽
- 1.5 公克研磨黑胡椒粉
- 1 公克卡宴辣椒粉
- 3 公克拉維拉產煙燻辣椒粉（pimentón de La Vera）
- 0.5 公克月桂粉
- 1.5 公克乾燥牛至（即奧勒岡）
- 50 毫升干白酒
- 3 瓣去芽且剁碎的蒜頭
- 厚度 32 至 34 公釐的腸衣

糖漬番茄
- 1 公斤羅馬（roma）番茄
- 橄欖油
- 蒜頭
- 百里香花朵
- 糖粉

用於熬煮藍龍蝦螯之蔬菜白酒湯底（court-bouillon）
- 3 公升水
- 1/2 大匙粗鹽
- 1/2 小匙茴香籽
- 1/2 小匙芫荽籽
- 1/2 大匙黑胡椒粒
- 1/2 束百里香
- 1 片月桂葉

龍蝦
- 4 隻 500 公克的歐洲藍龍蝦
- 橄欖油
- 1 片月桂葉
- 1 束百里香
- 1 小枝迷迭香
- 1 瓣帶皮壓碎蒜頭

濃湯（bisque）
- 1 根胡蘿蔔
- 1 顆洋蔥
- 1 枝旱芹
- 1 大匙濃縮番茄糊
- 100 毫升干白酒

潘波勒產菜豆（coco de Paimpol）
- 300 公克潘波勒產菜豆，去殼
- 雞高湯
- 3 塊胡蘿蔔圓片
- 2 片月桂葉
- 1 束百里香
- 2 根蓽拔
- 3 公分的亞爾薩斯（Alsace）產豬五花皮
- 鹽、研磨黑胡椒粉

西班牙香腸油
- 50 克西班牙香腸
- 200 公克橄欖油
- 2 公克艾斯佩雷辣椒粉
- 2 瓣蒜頭
- 1/4 束扁葉歐芹，切碎

帕馬森起司鮮奶油（詳見 p. 17 配方）
- 100 公克帕馬森起司 (Parmigiano Reggiano)
- 100 毫升牛乳
- 鹽、研磨胡椒粉

波倫塔（polenta，玉米糊）瓦片

- 300 毫升水
- 500 公克波倫塔
- 2 公克艾斯佩雷辣椒粉
- 鹽

用於完成烹調的配料

- 1 顆切碎紅蔥頭
- 2 大匙切成細丁糖漬番茄
- 2 大匙橄欖油
- 12 片西班牙香腸
- 1 小匙切碎細香蔥
- 數枝藜縷葉或任何其他新鮮香料植物

西班牙香腸

　　將肉切成每邊 3 公分的方塊。將鹽、胡椒、卡宴辣椒、拉維拉產煙燻粉、月桂粉及牛至溶解於白酒中，加入蒜頭。所有材料與肉攪拌混合並冷藏 48 小時。將肉用刀盤孔徑 8 號的絞肉機絞碎，再悉數灌進腸衣內。將腸衣打結，形成 30 餘公分長的香腸，再懸掛於乾燥且溫暖（25℃）之處 2 天，準備一個容器置於香腸下方以盛接滴落的油脂。接著將香腸懸掛於室溫介於 10 至 15℃ 之間的室內，如地下室，歷時 3 天。最後將香腸置於冷藏室（介於 4 至 7℃ 之間）內，以循環冷氣風乾約 3 週，以去除最大程度的濕氣。

糖漬番茄

　　將番茄浸入滾水中些許時間以便去皮，之後對半縱切並用手指去籽，勿去心。把番茄鋪排在放有烤盤紙的烤盤上，刷上橄欖油，接著放上薄切蒜片、些許百里香花朵及糖粉。每半顆番茄加上一片薄切蒜片、些許百里香花朵，再塗抹少許橄欖油。置入旋風烤爐內以 95℃ 醃製 2 至 3 小時。取出後，置於容器中，並用橄欖油將番茄浸入其中。食用前先靜置於室溫下 2 天。裝於密封盒的番茄置於冰箱內可保存數週。

龍蝦

　　首先準備蔬菜白酒湯底：將水、鹽及辛香料置入大長柄鍋中，再將水煮至沸騰，持續滾煮 20 分鐘。

　　將辛香料放入煎炸鍋，用少量橄欖油將辛香料加熱爆香。將龍蝦的頭身分離，用竹籤縱向刺穿腸泥部位，使其在烹調過程中維持挺直。將其側邊放在未冒煙的熱油上，蓋上蓋子，以旺火煎炸 1 分 30 秒。龍蝦身翻面後，再蓋上蓋子煎炸 1 分 30 秒。接著將龍蝦身的外殼朝下，熄火，蓋上鍋蓋並靜置 10 分鐘。龍蝦肉心應維持透明，若煎炸過快，則將龍蝦身自煎炸鍋內移出，取出放涼。

　　此時將龍蝦大螯浸入滾煮中的蔬菜白酒湯底 2 分鐘，接著加入小螯，持續滾煮 6 分鐘。然後瀝乾，浸入冷水中放涼（此作法可使後續剝殼更為容易）。

濃湯

將胡蘿蔔、洋蔥和旱芹切成細丁。將龍蝦頭清空並丟棄外殼，剔除砂囊並搗碎整個內裡。將所有材料放進煎炸過龍蝦的鍋中以大火油煎，要避免煎焦。加入蔬菜細丁，將所有材料燉煮數分鐘，再倒入濃縮番茄糊，攪拌混合後注入白酒。燉煮 10 餘分鐘後，注入清水至覆蓋材料的高度，再持續燉煮 30 分鐘。最後以濾網過濾，撈除油脂，收汁至一半的量。

潘波勒產菜豆

將潘波勒產菜豆以雞高湯覆蓋，煮至沸騰，接著撈除浮沫。放入胡蘿蔔、辛香料及豬皮，蓋上鍋蓋，以最小的文火滾煮 20 分鐘。撒上鹽、胡椒粉，再持續滾煮 5 分鐘。當菜豆變得入口即化卻不軟爛時，便可瀝乾。

西班牙香腸油

將西班牙香腸切成細丁，放入一只容器中，加入橄欖油、艾斯佩雷辣椒粉、對切去芽的蒜頭及歐芹。將上述材料攪拌混合，在室溫下浸漬 3 天。可將此油裝入密封盒內，並置於冷藏室中保存。

帕馬森起司鮮奶油

將帕馬森起司切成小方塊。把牛乳加熱，澆淋在帕馬森起司上，並放進攪拌器中混合攪拌。用鹽及胡椒略微修正調味後，靜置放涼，並裝入擠花袋中。

波倫塔瓦片

將水煮至沸騰，撒鹽，加入波倫塔及艾斯佩雷辣椒粉。以最小文火熬煮並攪拌均勻，接著關火，直至完全放涼。製成球狀，以保鮮膜包裹，靜置於陰涼處 1 小時。將其盡量薄薄鋪在兩張烤盤紙之間，移除上層烤盤紙後，再置入烤爐內以 160°C 烘烤 12 分鐘。切成瓦片。

完成烹調

將濃湯注入長柄鍋中，加入煮熟的潘波勒產菜豆、細切紅蔥頭及糖漬番茄細丁，滾煮 10 餘分鐘。此時取出龍蝦身上的竹籤，並剝除外殼。將橄欖油加入煎炒鍋微微加熱，放入西班牙香腸切片，兩面都煎出金黃色澤，取出。用剛才的橄欖油將龍蝦身以大火翻炒，之後切成環狀。

擺盤

預計於每只餐盤中注入 100 公克濃湯及 2 大匙潘波勒產菜豆。擺盤前，將一大匙西班牙香腸油加進潘波勒產菜豆中，接著放入細香蔥。將潘波勒產菜豆及湯汁倒進深盤中，擺入龍蝦身切環，並穿插以西班牙香腸片。剝除龍蝦螯外殼，並順著龍蝦身切環擺放。最後加入一大匙帕馬森起可鮮奶油及波倫塔瓦片，以香料植物點綴。

線釣野生歐洲鱸魚佐脆皮菊苣　Bar de ligne, croustillant de chicons

10 人份

鱸魚

· 1 尾 4 公斤線釣野生歐洲鱸魚

脆皮菊苣

· 20 餘顆多汁柳橙，未處理
· 2 公升肉汁／褐高湯（詳見 p. 156）
· 2 公克艾斯佩雷辣椒粉
· 3 公斤土栽菊苣（苦苣）
· 1 包薄脆酥皮（pâte filo）
· 澄清奶油
· 鹽

甜洋蔥

· 2 顆塞文山脈產甜洋蔥
· 3000 毫升含 7 公克鹽的雞高湯

核桃調味醬

· 100 公克核桃仁
· 1 撮孜然粉
· 1 小匙芝麻醬（tahina）
· 1 顆檸檬的汁
· 1 小撮艾斯佩雷辣椒粉
· 鹽

乳化亞爾薩斯產豬五花

· 1 公升雞高湯
· 100 公克切成小塊的亞爾薩斯產豬胸五花肉（lard paysan）
· 200 毫升酪乳
· 鹽、研磨胡椒粉
· 肉豆蔻

鱸魚

　刮除鱸魚鱗片，取下魚柳，去骨並切成 10 塊，每塊重 160 至 180 公克。置於陰涼處保存待用。

脆皮菊苣

刨下柳橙外皮。將柳橙榨出 1 公升量的橙汁，再熬煮收汁成濃稠糖漿狀。加入褐高湯並收汁至一半的量，撒鹽，加入柳橙刨皮及艾斯佩雷辣椒粉。

將菊苣葉剝除至只剩菊苣心，將菜葉逐片浸入肉汁內，煮至沸騰，蓋上鍋蓋並靜置 20 分鐘。瀝乾菜葉後，將保鮮膜攤開於工作檯上，展開菜葉並平放，彼此互不接觸。可用保鮮膜包裹菜葉，層層堆疊。將肉汁收汁至一半的量。

取一只 10×15 公分，高 4 公分的帶邊烤盤。將烤盤紙鋪於烤盤上，菜葉以鱗片形式層層相疊，每一層均刷上濃縮肉汁，疊成 4 公分高之法式千層酥形狀。接著把一只烤盤放在整個備料上，以重物加壓，再置入烤爐內，以 165°C 烘烤 1 小時 15 分鐘。靜置於冰箱內冷卻一整夜。

將數張薄脆酥皮切成 10 張 11×16 公分的長方形（應超出烤盤各邊 5 公釐的長度）。將烤盤紙鋪於另一只與前一烤盤同樣尺寸的烤盤上，並鋪上 5 張薄脆酥皮，每張均塗以澄清奶油。充分黏附於烤盤上的每張酥皮均須呈現波浪狀。

取下菊苣，放置於薄脆酥皮上。將五張長方形薄脆酥皮分別用澄清奶油塗抹，接著靜置於陰涼處 2 至 3 小時。

取下整個備料並切成 10 片 1.5 公分厚的脆皮菊苣。將其放進不沾鍋內，以最小的文火把兩面油煎上色，直至酥皮極為酥脆且呈現出極為鮮明的金黃色澤。調理過程中毋須添加任何油脂，以免澄清奶油融化並流失。將脆皮菊苣放在鋪有烤盤紙的烤盤上，置入烤爐內以 180°C 烘烤 5 分鐘。

甜洋蔥

將洋蔥對切，把心取出，切成圓片，放入雞高湯內燉煮 2 至 3 分鐘。瀝乾，並取高湯以用於核桃調味醬。

核桃調味醬

將核桃仁攪打細碎。在長柄鍋中注入少量高湯，加入孜然粉、核桃碎，以文火煮 5 分鐘。倒進攪拌器內，加入芝麻糊及檸檬汁。撒鹽，並加入艾斯佩雷辣椒粉混合攪打，放涼後，裝入擠花袋中。取剩餘 250 毫升高湯，用於乳化。

乳化亞爾薩斯產豬五花

將雞高湯收汁至 250 毫升（即 1/4）的量，再將整個材料以 85°C 烹煮 3 小時。取出豬五花，加入酪乳。撒鹽、胡椒粉並加入肉豆蔻。用手持攪拌器予以乳化至泡沫狀，即可上菜。

完成

鱸魚片皮朝下，以橄欖油油煎。當白肉部位的下半部變色時，熄火，將魚片翻面放在一烤盤上，在室溫下靜置 10 分鐘。於即將上菜之前，置入烤爐內以 250°C 烘烤 2 分鐘。

將數個甜洋蔥圈及核桃調味醬裝飾於脆皮菊苣頂端，擺放於盤上，一旁放置鱸魚片。將乳化泡沫分開上菜。

鱈魚佐蘆筍及塞西納風乾火腿屑　Cabillaud et asperges, crumble de cecina

10 人份

鱈魚
- 1 尾 4 公斤鱈魚
- 150 公克鹽
- 1 公升水

蘆筍
- 30 枝直徑達 2.6 公分的普羅旺斯綠蘆筍
- 500 公克澄清奶油
- 鹽、研磨黑胡椒粉

馬鈴薯／塞西納 (cecina) 風乾火腿屑
- 6 大顆賓哲品種馬鈴薯
- 粗鹽
- 塞西納風乾牛肉火腿

康提起司
- 200 公克侏羅省產康提起司
  （品牌以「馬塞勒·佩提特」〔Marcel Petite〕為佳）

黃酒沙巴翁 (sabayon) [1] 醬
- 15 顆雞蛋蛋黃
- 200 毫升侏羅省產黃酒 + 1 滴的量
- 8 公克鹽
- 1 滴 Tabasco® 辣椒醬
- 300 公克奶油

搭配上菜
- 橄欖油
- 旱金蓮葉
- 葉綠素粉（乾燥且攪碎之香料植物）
- 鹽之花

鱈魚
　　將鱈魚去鱗，取下魚柳，去骨。浸泡於加鹽冷水中 20 分鐘，接著以冷水放流沖洗 20 分鐘，去除鹽分。放在烤架上並置入冰箱內乾燥一整夜，之後切成 160 公克的魚塊數份。

蘆筍
　　將蘆筍的鱗片切除（écussonner）並削去莖底的外皮（tourner）。澄清奶油放進銅製燉鍋（cocotte）中加熱至 80°C，再將蘆筍浸入鍋內 4 至 6 分鐘。起鍋後瀝乾，撒上鹽及胡椒粉，擺放於餐盤上。

馬鈴薯／塞西納風乾火腿屑
　　充分洗淨馬鈴薯，並放在粗鹽上炙烤。將其對切，用一根湯匙把馬鈴薯部分挖空，保留 1 公分厚度的馬鈴薯肉。將殼狀馬鈴薯切片，再以烹調蘆筍後保留下來的澄清油煎出金黃色澤。放在吸油紙上瀝乾，碾磨至細碎並加以計量。取相同份量的塞西納風乾火腿薄片切成厚度 2 至 3 公釐的細丁，混入碎馬鈴薯，保存待用。

康提起司
　　用切片機將康提起司切成厚度 2 至 3 公釐的薄片。再分別用直徑 3 公分及 2 公分的切模切成小圓片。

黃酒沙巴翁醬
　　將蛋黃、黃酒及鹽放入 Thermomix® 食物調理機，以 70°C、攪速刻度 4 調理 4 分鐘。取出後再加入一滴黃酒及 Tabasco®，接著放入切成小塊的奶油，用打蛋器加以打發。注入奶油發泡器內，加進 2 個奶油氣彈，並置於 50 至 60°C 的保溫爐內。

完成及擺盤
　　將鱈魚厚片皮朝下以橄欖油油煎。待白肉部位的下半部變色時熄火，將魚厚片翻面放在一只烤盤上，靜置於室溫下 10 分鐘。在即將上菜之前，置入烤爐內以 250°C 烘烤 2 分鐘。將蘆筍放進澄清奶油中燉煮。馬鈴薯／塞西納風乾火腿屑擺放於鱈魚上，用經過切模裁切的康提起司小圓片及旱金蓮葉加以綴飾。在鱈魚上添加少許由奶油發泡器擠出的黃酒沙巴翁醬及幾粒鹽之花，並在餐盤一角撒上葉綠素粉。

1　一種義大利傳統卡士達醬，通常以蛋黃、砂糖與少許甜酒打入大量空氣製成，口感輕盈絲滑，也有鹹的作法。編注

酥炸歐洲比目魚佐波特酒醬汁　Viennoise de turbot, jus au porto

10 人份

歐洲比目魚

- 1 尾 4 公斤歐洲比目魚
- 新鮮奶油

酥炸麵衣

- 1 條吐司麵包
- 100 公克澄清奶油

馬鈴薯細丁

- 1 公斤夏洛特（charlotte）品種馬鈴薯
- 橄欖油
- 1 瓣蒜頭
- 數枝百里香
- 300 毫升雞高湯
- 奶油
- 新鮮黑松露
- 2 大匙刨絲帕馬森起司
- 40 公克半鹽奶油
- 鹽、研磨胡椒粉

波特酒醬汁

- 1 公升肉汁／褐高湯（請參閱 p.156）
- 150 克波特酒

歐洲比目魚

取下魚柳，去皮，撒上鹽及胡椒粉。將原本有魚皮的魚柳面用奶油加以油煎，待白肉部位的下半部變色時，將其翻面放在一只烤盤上，予以靜置。

酥炸麵衣

將吐司去邊後，攪打成細麵包屑。將澄清奶油融化，逐漸加入麵包屑，直至形成麵衣，可用刮刀將其塗抹在魚肉上的程度。

馬鈴薯細丁

將馬鈴薯去皮並清洗，晾乾後切成細丁，用燒燙橄欖油以旺火將其與蒜頭及百里香一併快速翻炒，取出後，靜置放涼。將高湯加熱。在一只長柄鍋內，用加熱至起泡的奶油將細丁以及 15% 細丁重量的新鮮松露以大火翻炒，如同烹煮義大利燉飯（risotto）一般，再逐漸加入熱高湯。待馬鈴薯煮熟時，加入刨絲帕馬森起司和半鹽奶油，熄火後加以攪拌，使其融合黏稠。修正調味。

波特酒醬汁

將波特酒加入肉汁並收汁成糖漿的質地。

完成及擺盤

將油煎過的魚柳面抹上薄薄一層麵衣，用刮刀將其充分撫平，並置於烘烤機下烘烤至金黃色澤。若無烘烤機或烤爐烤架，可改用火焰噴槍，以溫和焰火仔細操作。將馬鈴薯細丁以直徑 10 公分圓片狀擺放於餐盤上。

將魚柳再度置入 250°C 的爐內烘烤 1 至 2 分鐘，接著鋪於馬鈴薯細丁上，並在周圍注入波特酒醬汁。

馬林雞比利時燉菜（瓦特佐伊） Waterzoï de coucou de Malines

4 人份

雞肉

- 2 塊馬林（Malines）產雞胸肉
- 100 公克大葉菠菜
- 鹽

用於肉餡的牛肝菌

- 1 瓣剁碎蒜頭
- 1 顆剁碎紅蔥頭
- 200 公克牛肝菌
- 20 公克奶油
- 濃縮家禽汁
- 鹽、研磨胡椒粉

細肉餡

- 100 公克家禽大腿肉
- 熟牛肝菌
- 1 顆雞蛋蛋白
- 100 毫升液態鮮奶油
- 20 公克新鮮麵包屑
- 3 公克鹽
- 1 公克研磨白胡椒粉

雞高湯

- 家禽胸骨
- 1 根切塊胡蘿蔔
- 1 顆洋蔥，釘入 1 根丁香
- 1 枝對切韭蔥
- 1 枝切段旱芹
- 1 顆杜松子
- 1/4 顆對切蒜頭
- 百里香、月桂葉

家禽汁

- 家禽棒腿
- 100 公克奶油
- 5 顆薄切紅蔥頭
- 200 毫升白波特酒

布雷特（poulette）醬

- 1 顆切薄細紅蔥頭
- 1 瓣剁碎蒜頭
- 1 枝百里香
- 1 片月桂葉
- 奶油
- 200 毫升白酒
- 1 公升雞高湯
- 200 毫升酪乳（lait ribot、lait fermenté、lben）
- 濃縮家禽汁
- 1 顆雞蛋蛋黃（上菜時才加入）
- 鹽及研磨胡椒粉

蔬菜

- 4 顆夏洛特品種馬鈴薯
- 2 枝韭蔥的蔥白部分
- 雞高湯
- 8 顆新（nouveau）品種洋蔥
- 1 小顆芹菜根球　· 4 根嫩胡蘿蔔
- 4 條白蘆筍　· 200 公克牛肝菌
- 1 大匙家禽汁　· 奶油
- 鹽、研磨胡椒粉

搭配上菜

- 奶油

雞肉

取下雞柳，保留最大範圍的雞皮。卸除雞掌，把雞腿排與棒腿分開。雞腿排去骨並去除筋膜，保留棒腿及雞胸骨。

去除菠菜根部並洗淨菠菜，放進加鹽的滾水中汆燙30秒，接著浸入冷水中。用手指將菜葉在水中攤開，再逐片取出，攤平於一條乾毛巾上。

用於肉餡的牛肝菌

將蒜頭及紅蔥頭剁碎。清理牛肝菌，用奶油以大火翻炒。待其水分蒸發後，加入紅蔥頭及蒜頭，蓋上鍋蓋，以最小的文火烹煮20分鐘。撒入鹽及胡椒粉，澆淋4或5大匙濃縮家禽汁。燉煮數分鐘，接著靜置放涼，並粗略剁碎以用於肉餡。

細肉餡 *

將家禽肉切成小塊，並將所有材料集中放進攪拌器的缽中，混合攪打成細緻且均質的肉餡。預計每個肉捲使用60公克的肉餡。

* 若要使其形成更蓬鬆且更平順的質地，則將肉餡放進 Pacojet® 品牌的冷凍粉碎調理器缽中並加以冷凍，接著在冷凍狀態下攪打。

雞高湯

將家禽胸骨集中放進鍋中，注入清水至蓋過家禽胸骨的高度，煮至沸騰，同時仔細撈除浮沫。待湯汁澄清時，加入辛香配料，並再次煮至沸騰，必要時再撈除浮沫，持續滾煮3小時。完成後，加以過濾。

家禽汁

將棒腿剁半後，用加熱至起泡的奶油油煎。煎至金黃時，取出棒腿並去除多餘奶油，但勿丟棄油煎後的湯汁。保留長柄鍋內少許奶油，加入紅蔥頭，以小火略微上色，再次加入棒腿，並用白波特酒收汁，待收至一半的量後，注入雞高湯至蓋過棒腿的高度。重複收汁至幾乎收乾的程度後，再次注入高湯、重新收汁並重複第3次，但勿收乾，以文火燉煮至少3小時。若收汁過頭，則隨時注入高湯即可。高湯應為恰好覆蓋棒腿的高度。完成後，以濾網過濾。

雞柳準備

將工作檯稍加濕潤並鋪上保鮮膜。將3片菠菜葉攤平在保鮮膜上，放上2湯匙捏塑成血腸形狀的細肉餡，製作出約長10公分的肉捲，並裹以保鮮膜，將兩端扭緊，以塑造出勻稱的血腸形狀。接著置於陰涼處保存，加以固形。待肉捲形狀充分固定時，將其填塞於雞柳內。用1支湯匙背面將雞柳皮拉起，小心把（去除保鮮膜的）肉捲塞進雞柳皮下。

將雞柳皮歸位於肉上並用保鮮膜包裹，使其呈現美麗形狀（但勿捏塑成血腸狀）。完成後，置於陰涼處保存。

布雷特醬

將紅蔥頭、蒜頭、百里香和月桂葉用奶油以大火翻炒，使其略微上色。用白酒收汁到幾乎收乾的程度，加入高湯，並收汁至200毫升。加入酪乳，短暫煮至沸騰，熄火後修正調味。用幾大匙的家禽肉汁調整風味。

蔬菜

　　將馬鈴薯切成 4 塊瓶塞狀，以奶油來油封。用少許雞高湯將韭蔥的蔥白部分蒸熟，以同樣方式蒸熟新品種洋蔥。將旱芹切塊，與切塊胡蘿蔔一併放進充分調味的雞高湯中烹煮。

　　削去蘆筍外皮，用加鹽的滾水汆燙 2 分鐘。將牛肝菌加以清理，用融化奶油以大火略微翻炒 2 分鐘。撒入鹽、胡椒粉，接著取出。將少許雞高湯、家禽肉汁及一點奶油放進煎炸鍋中收汁，再將所有蔬菜放入，在上面覆蓋烤盤紙後，煎至晶亮狀態（glacer），完成後予以保溫，留待上菜。

完成及擺盤

　　將包裹雞柳的保鮮膜移除，在雞柳肉那一側撒上鹽及胡椒粉（而非皮側）。將其放進無柄煎炸鍋（sautoir）中，用加熱至起泡的奶油以小火將雞柳皮那一側油煎 15 分鐘，直至煎出金黃色澤。須留意溫度，勿使奶油呈現淡褐色。最後將其置入 180°C 的烤爐內，將皮側烘烤 3 分鐘，肉側烘烤 3 分鐘，以完成最終烹調。自烤爐內取出後靜置 10 分鐘，接著將每塊雞柳斜斜對切。重新加熱布雷特醬，加入蛋黃後用手持攪拌器攪打，使其融合黏稠。接著以細網篩過濾，再以手持攪拌器攪打至乳化。

　　將對切的雞柳、蔬菜及乳化的布雷特醬擺盤，使其呈現協調的狀態。

寡婦珠雞佐菊芋泥，向帕斯卡・德沃肯尼爾 [1] 致敬
Pintade demi-deuil, purée de topinambour / Hommage à Pascal Devalkeneer

4 人份

珠雞
- 4 隻諾曼第產珠雞
- 4 大片高麗菜葉（皺葉甘藍）
- 鹽

珠雞高湯
- 珠雞胸骨
- 1 根胡蘿蔔
- 1 顆洋蔥
- 1 枝韭蔥
- 1 枝旱芹
- 1 根丁香
- 1 顆杜松子
- 1/4 顆蒜頭
- 百里香，月桂葉

珠雞汁
- 珠雞棒腿
- 100 公克奶油
- 5 顆薄切紅蔥頭
- 250 毫升紅波特酒

細肉餡
- 100 公克去筋膜及切塊的小牛肉塊
- 1 顆雞蛋蛋白
- 100 公克液態鮮奶油
- 20 公克麵包屑
- 3 公克鹽
- 1 公克研磨白胡椒粉

婆羅門參
- 2 公斤婆羅門參
- 5 顆紅蔥頭
- 橄欖油
- 500 毫升干白酒
- 1 公升雞高湯
- 100 公克伊思尼（Isigny）法式酸奶油
- 鹽、研磨胡椒粉

菊芋泥
- 600 公克去皮菊芋
- 600 公克去皮馬鈴薯
- 雞高湯
- 牛乳
- 1 塊半鹽奶油
- 珠雞汁

搭配上菜
- 15 顆珍珠洋蔥
- 珠雞汁
- 100 公克黑松露
- 奶油
- 鹽、研磨胡椒粉

---

1 帕斯卡・德沃肯尼爾（Pascal Devalkeneer），獲米其林二星的比利時餐廳「森林小屋」（Le Chalet de la Forêt）餐廳主廚。卡倫曾任職於森林小屋。編注

珠雞

將珠雞柳肉取下並保留最大範圍的雞皮。卸除雞掌，把雞腿排與棒腿分開。將雞胸骨留待於高湯使用，棒腿則留待於雞汁。雞腿排可用於另一項配方。剝除高麗菜最外面的幾片深綠葉片，留下綠色嫩葉，並予以完整保存。將菜葉以加鹽的滾水滾煮 6 分鐘，接著取出、瀝乾並攤平。用刀尖切除超過菜葉的菜莖部分，再以擀麵棍將菜葉擀平，攤平靜置於一塊布上。

珠雞高湯

將珠雞胸骨集中放進鍋中，加水至蓋過雞胸骨的高度，煮至沸騰，同時仔細撈除浮沫。待湯汁澄清時，加入辛香配料（其餘材料），再次煮至沸騰，必要時再度撈除浮沫，持續滾煮約 3 小時。完成後，加以過濾。

珠雞汁

將棒腿剁半，用加熱至起泡的奶油油煎。煎至金黃時，取出棒腿並去除多餘的奶油，但勿丟棄油煎後的湯汁。保留長柄鍋內少許奶油，加入紅蔥頭並以小火略微上色，再次放入棒腿，並以紅波特酒收汁，待收至一半的量後，注入雞高湯至蓋過棒腿的高度。重複收汁到幾乎收乾的程度後，再次注入高湯、重新收汁並重複第 3 次，但勿收乾，以文火燉煮至少 3 小時。若收汁過頭，則隨時注入高湯即可。高湯應為恰好覆蓋至棒腿的高度。完成後，以濾網過濾。

細肉餡

將所有材料集中放進攪拌器的缽中，混合攪打成細緻且均質的肉餡。將肉餡秤重並加入切成小塊的黑松露，黑松露應占肉餡重量的 20%（每個肉捲須使用 12 公克松露及 60 公克肉餡）。

珠雞雞柳準備

將工作檯稍微打濕並鋪上保鮮膜。將 1 片高麗菜葉攤平在保鮮膜上，放上 60 公克捏製成血腸形狀的肉餡，製作出約長 10 公分的肉捲，並以保鮮膜包裹，將兩端扭緊，以塑造出勻稱的血腸形狀，接著置於陰涼處保存，加以固形。

婆羅門參

以冷水刷洗婆羅門參，保留部分外皮以營造出大理石紋路的效果。將紅蔥頭去皮並切成數片，於無柄煎炸鍋內注入薄薄一層足以覆蓋鍋底的橄欖油，將紅蔥頭片煎出美麗的色澤。用白酒予以收汁，待收至一半的量，加入高湯，再收汁至一半的量，並加入法式酸奶油。煮至沸騰後，修正調味，加入婆羅門參，並再次煮至沸騰。待參心軟透時，熄火並靜置放涼。

菊芋泥

將菊芋及馬鈴薯放進長柄鍋中，再注入高湯及等量的牛乳以蓋過兩者。待兩者皆煮至軟透時，用壓泥器碾壓並過篩。加入奶油和少許珠雞湯汁，使質地更為豐富，再將整份混料填入一個裝有 16 公釐圓口擠花嘴的擠花袋中。

完成及擺盤

將珍珠洋蔥去皮對切，浸入珠雞湯汁中，上面覆蓋以烤盤紙，煎至晶亮狀態。用直徑 2 公分的切模將松露裁切成薄圓片，將裁切後剩餘的松露剁碎並加入珠雞湯汁中，松露應占雞汁重量的 10%。松露薄圓片則留待擺盤。將菊芋切成大小不一的段狀，再用少許烹調後的湯汁、家禽汁及一塊奶油油煎，上面覆蓋以烤盤紙，煎至晶亮狀態，接著留待擺盤。

移除包裹珠雞雞柳的保鮮膜，在雞柳肉側（而非雞柳皮側）撒上鹽及胡椒粉，放進無柄煎炸鍋中，用加熱至起泡的奶油以小火將雞柳皮側油煎 15 分鐘。須留意溫度，勿使奶油呈現淡褐色。最後將其置入 180°C 的烤爐內，雞柳皮側烘烤 3 分鐘，雞柳肉側烘烤 3 分鐘，便完成最終烹調。自爐內取出後，靜置 10 分鐘，接著將每塊雞柳斜斜對切。將珠雞、菊芋泥、婆羅門參及珍珠洋蔥擺盤完成後，加入珠雞湯汁及松露片。

櫻桃啤酒兔肉　Lapin à la kriek

4 人份

細肉餡

- 100 公克切小塊家禽胸肉
- 1 顆雞蛋蛋白
- 20 公克新鮮麵包屑
- 100 毫升液態奶油
- 1/2 顆糖漬檸檬（僅限果皮），切成細丁
- 6 顆未經硫化處理的杏桃乾，去核、切成細丁
- 6 片剁碎鼠尾草葉
- 3 公克鹽、1 公克研磨白胡椒粉、1 公克艾斯佩雷產辣椒粉

兔肉

- 4 塊完整帶脊骨腰肉塊
- 80 公克細兔肉餡
- 8 顆未經硫化處理的杏桃乾，去核、對切
- 8 片鼠尾草葉
- 100 公克豬網油

湯汁

- 兔胸骨
- 葡萄籽油
- 1 根胡蘿蔔
- 1.5 枝旱芹
- 1 顆洋蔥
- 100 毫升櫻桃啤酒醋
- 1/2 公升「布恩」（Boon）牌櫻桃啤酒
- 1/2 公升雞高湯

配料

- 4 根帶葉柄胡蘿蔔
- 4 顆帶葉柄蕪菁
- 200 毫升雞高湯
- 200 公克奶油
- 4 顆經油煎的油亮珍珠洋蔥（詳見黑胡椒牛排配方，p.156）
- 8 顆櫻桃

細肉餡

　　將雞肉、蛋白、麵包屑及奶油一起放進攪拌器的缽中，混合攪打成細緻且均質的肉餡。加入糖漬檸檬果皮、杏桃、鼠尾草、鹽、胡椒及艾斯佩雷產辣椒粉。

兔肉

　　從每塊帶脊骨的腰肉塊取下兩塊腰里肌，兔骨留待於湯汁使用。將肉餡填入一個裝有 1 公分擠花嘴的擠花袋中。將一坨肉餡（20 公克）放在一塊腰里肌上，介於兔肚肌與腰里肌之間。將 3 個半顆杏桃乾及 3 片鼠尾草葉放在肉餡上。將兩塊腰里肌相互交疊，頭朝脯肉（里肌肉疊在里肌肉上），先捲外兔肚肌，再捲內兔肚肌，使肉捲充分密封。以保鮮膜緊實包裹每個肉捲，將兩端扭緊，以塑造出勻稱的血腸形狀。置於陰涼處保存 1 小時，使其固形。移除保鮮膜後，把豬網油攤平，包裹每個兔肉捲。用第二張豬網油重複包裹兔肉捲。擇 3 個部位加以綑綁，勿過緊，重新用保鮮膜加以包裹，並置於陰涼處保存。

湯汁

　　將帶脊骨腰肉塊去骨時所保留的兔骨取出並剁碎，置入烤爐內，用少許葡萄籽油烘烤出金黃色澤，使其充分上色但不過焦。在鍋中放進所有切成細丁的蔬菜，以大火翻炒，勿炒至上色。將兔骨剔除油脂後加進鍋中，以櫻桃啤酒醋收汁至一半的量，注入櫻桃啤酒及雞高湯，持續滾煮 3 小時，用細網篩加以過濾，撈除油脂後持續收汁，直至湯汁呈現油亮、軟爛且略微黏稠的狀態。

配料

　　將胡蘿蔔、蕪菁及珍珠洋蔥去皮。把胡蘿蔔及蕪菁放進雞高湯中烹煮，珍珠洋蔥對切，浸入櫻桃啤酒湯汁中，上面覆蓋以烤盤紙，煎至晶亮狀態。櫻桃對切、去核，放進櫻桃啤酒汁中作為裝飾。

完成及擺盤

　　在腰里肌上撒上鹽及胡椒粉，將其每一側用加熱至起泡的奶油煎過，接著置入 180°C 的烤爐內烘烤 5 至 6 分鐘，並翻轉多次。靜置 10 分鐘後，再置入熱烤爐中烘烤 2 分鐘，接著對切，與蔬菜及櫻桃一起擺盤，並澆淋以櫻桃啤酒。上菜時不妨搭配玉棋（gnocchis）。

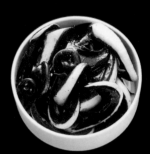

干邑焰燒黑胡椒牛排佐薯條　Steak au poivre flambé au cognac, frites

10 人份

牛肉及胡椒醬汁

- 1 塊新鮮諾曼第產牛里肌（3 公斤）
- 牛排用胡椒（碾碎黑胡椒）
- 葡萄籽油
- 奶油
- 干邑（品牌以「德拉曼」為佳）
- 牛肉汁／褐高湯
- 液態鮮奶油

牛肉汁或褐高湯

- 1 根胡蘿蔔、1 枝旱芹、2 顆洋蔥，以及 3 或 4 瓣蒜頭的蔬菜細丁組合
- 牛里肌碎肉
- 葡萄籽油
- 初烹牛脂（以精煉者為首選）
- 1 大匙濃縮番茄糊
- 1 大匙麵粉
- 5 公升雞高湯

薯條

- 12 顆賓哲品種馬鈴薯
- 1 台油炸鍋量（4 公升）的初烹牛脂
- 鹽

肉的準備

修整並清理牛肉。把牛里肌邊緣較不嫩且較肥的部分去除，接著再去除里肌肉上的白皮。將牛里肌切成 10 塊各 200 公克的厚片。里肌的頭尾皆可用於另一份食譜，例如韃靼牛肉。

牛肉汁

將蔬菜細丁組合放進長柄深鍋中，用葡萄籽油以文火燉煮，勿煮至上色。同時，將牛里肌碎肉放進無柄煎炸鍋中，用牛脂充分油煎上色，須使其呈現金黃色澤。將碎肉瀝乾，加入蔬菜，並倒入濃縮番茄糊，以刮刀拌炒數分鐘使糊料化開，接著加入麵粉。注入雞高湯，以文火持續滾煮 5 至 6 小時。訣竅是使用長柄深鍋，如此才不致使水分蒸發速度快於烹調速度。最後以濾網過濾，收汁至一半的量。

薯條

將馬鈴薯去皮，充分清洗，切成 1 公分厚的薯條。攪洗後，放在兩張吸油紙間仔細擦乾。

將牛脂加熱至 140°C。油炸籃內勿裝入太多薯條。將薯條油炸 4 至 6 分鐘，馬鈴薯應呈現酥脆卻不上色的狀態，且外觀仍保持平滑無皺褶。接著瀝乾，完全放涼。第一次油炸與第二次油炸之間的完全冷卻乃是烹調成功的關鍵。

以 170°C 進行二度油炸，直至薯條呈現金黃色澤。接著放在吸油紙上瀝乾，撒鹽。

牛排烹調

將胡椒按壓在肉的單一面上。可隨時用噴霧器在肉上灑水，使胡椒沾黏得更緊。靜置於流通的空氣中風乾15分鐘。

將一小注葡萄籽油倒進平底鍋中，加熱到熾熱程度。再放入大量奶油，待奶油呈現起泡並變色至褐色狀態時，將牛排沾有胡椒的那一面朝下放進平底鍋中，靜待1或2分鐘，將胡椒加以炙燒。要時時搖動平底鍋，使奶油維持在相同溫度，並呈現美麗的金黃泡沫狀。烹調數分鐘後，將牛排翻面，以高溫油煎。持續以此方法烹調，且不時用奶油澆淋。

胡椒醬汁

將肉靜置於烤架上15分鐘。撈除平底鍋內的油脂，但保留湯汁。加入一大注干邑焰燒。

待火焰一熄滅，即用牛肉汁收汁。持續收汁，並加入一注鮮奶油，以緩和干邑炙燒的嗆辣感。待醬汁呈現理想的質地時，用濾網加以過濾。將牛排置入烤爐內以190℃烘烤3至4分鐘，放上餐盤，淋上胡椒醬汁並搭配薯條上菜。

羊肉庫斯庫斯佐鷹嘴豆泥及沙威瑪 Couscous d'agneau, houmous et chawarma

4 人份

羊肉及高湯

- 1 整隻阿韋龍省（Aveyron）產乳羊帶脊骨腰肉
- 羊骨及羊碎肉
- 橄欖油
- 1 大匙濃縮番茄糊
- 2 公升雞高湯
- 1 大根縱向對切胡蘿蔔
- 1 顆洋蔥
- 1/2 根完整紅辣椒
- 3 瓣蒜頭
- 1 枝旱芹
- 1 片月桂葉
- 1 枝百里香
- 1 枝迷迭香

哈里薩辣醬（harissa）

- 1 根新鮮紅辣椒，對切並去籽
- 1 束芫荽，清洗並去葉
- 1/4 束歐芹
- 5 片新鮮薄荷葉
- 2 公克葛縷子籽
- 2 公克茴香籽
- 2 公克芫荽籽
- 2 瓣去皮、去芽的蒜頭
- 鹽之花
- 100 毫升橄欖油

皮科洛辣椒佐料

- 1/2 顆鹽漬檸檬皮
- 2 顆皮科洛辣椒，洗淨並乾燥
- 4 顆乾燥番茄

潘波勒產菜豆

- 100 公克潘波勒產菜豆，去皮
- 雞高湯
- 1 根蓽拔
- 1 枝百里香
- 1 片月桂葉
- 1 顆去芽蒜頭
- 1/2 顆剁碎紅蔥頭

鷹嘴豆泥（hummus）

- 50 公克鷹嘴豆
- 雞高湯
- 1/2 根新鮮紅辣椒
- 4 瓣蒜頭
- 40 公克中東白芝麻醬（tahina）
- 1 小撮艾斯佩雷辣椒粉
- 橄欖油
- 鹽
- 2 公克葛縷子籽或孜然

庫斯庫斯（couscous）

- 100 公克鹽水
- 100 公克粗粒庫斯庫斯
- 用於油炸的花生油
- 一點北非綜合香料（ras el-hanout）
- 一點薑黃
- 鹽

搭配上菜

- 奶油
- 50 毫升希臘優格
- 1/2 瓣剁碎蒜頭
- 2 片新鮮薄荷葉，剁碎

- 1 塊黎巴嫩薄餅（Manakish）
- 新鮮芫荽
- 生菜（結球萵苣或蘿蔓萵苣）
- 塔迦斯卡品種橄欖，去核
- 鹽

羊肉

取下帶脊骨腰肉的羊里肌，保留羊骨。

將每塊羊里肌對切，每塊里肌上多預留 2 公分的羊肚肌（脂肪），去除剩餘的羊肚肌。將其切成小塊，用橄欖油及 1 瓣蒜頭以大火翻炒。蓋上鍋蓋，以最小的文火油封約 3 至 4 小時，直至肉可撕碎的狀態。

高湯

剁碎羊骨及碎肉。將整份混料以橄欖油大火翻炒至略微上色後，加入濃縮番茄糊，注入家禽高湯。放入胡蘿蔔、洋蔥、辣椒、剩餘的 2 瓣蒜頭、旱芹、月桂葉、百里香及迷迭香，煮至沸騰，必要時再撈除浮沫，並持續滾煮 3 小時。完成後以濾網過濾，保留高湯。

哈里薩辣醬

將辣椒放進冷鹽水中逐漸加熱並汆燙 3 分鐘，香料植物剁至細碎。

將葛縷子、茴香及芫荽籽放進研磨缽中搗碎，接著加入香料植物中。將辣椒及一撮鹽之花一併搗碎，加進先前的混料裡。汆燙蒜瓣，方式與汆燙辣椒相同，再將蒜瓣與少許鹽之花一併搗碎，加入混料中。最後倒入橄欖油混合攪打，但勿打至過度細碎。

皮科洛辣椒佐料

將鹽漬檸檬皮、皮科洛辣椒及乾燥番茄切成極細丁。將所有細丁混合攪拌。

潘波勒產菜豆

在長柄鍋中放進潘波勒產菜豆，以高湯蓋過。加入蓽拔、百里香、月桂葉及蒜頭，煮至沸騰，撈除浮沫，蓋上鍋蓋並持續滾煮 15 至 20 分鐘。瀝乾後，將菜豆取出，放入一只長柄鍋中，並注入羊高湯至蓋過配料的高度。加入紅蔥頭及佐料，以文火熬煮 15 分鐘。

鷹嘴豆泥

將鷹嘴豆浸泡在冷水中一整夜。接著放進雞高湯中，與辣椒、蒜頭及葛縷子一併熬煮 3 小時。待其熟透便予以瀝乾，並保留烹調湯汁。把熬煮過的鷹嘴豆及蒜頭一起放進攪拌器中攪打混合，並在此過程中慢慢加入烹調湯汁。待其質地呈現濃稠狀態，但沒有太多出水時，再加入芝麻醬、艾斯佩雷辣椒粉、孜然、新鮮芫荽，最後注入一些橄欖油。將混料攪打成均質且平滑的豆泥糊。修正調味，必要時用少許烹飪湯汁加以稀釋。最後將豆泥填入擠花袋中。

庫斯庫斯

將鹽水煮至沸騰，放入庫斯庫斯，轉為最小的文火煮 5 分鐘，使其顆粒鬆散分明。靜置放涼後，再放在烤盤紙上用手撥散、攤平，置入 50°C 的烤爐內烘乾 3 小時。

加熱花生油至 240°C，取少量庫斯庫斯置於濾器並浸入油中。待庫斯庫斯迸裂時取出，放在吸油紙上，剩餘的庫斯庫斯也如法炮製。趁庫斯庫斯尚熱之際，全部放進塑膠盒內，加入北非綜合香料、薑黃及少許鹽，蓋上盒蓋後將盒子加以搖晃。

完成及擺盤

將羊肉撒上鹽及胡椒粉，放進無柄煎炸鍋中用奶油將兩面煎至上色。最後置入 180°C 的烤爐內，每面烘烤 2 分鐘，靜置 10 分鐘。

將優格、蒜頭及薄荷加以攪拌混合，撒鹽。

重新加熱潘波勒產菜豆，熄火後，加入 2 大匙做好的哈里薩辣醬。

將黎巴嫩薄餅切成 4 片。將一小匙的新鮮優格—蒜頭—薄荷混料、一小匙的撕碎羊肉、數片新鮮芫荽葉及 2 或 3 片生菜葉分放在每片薄餅上，捲成沙威瑪，上菜前先置入烤爐內烘烤 1 分鐘。

上菜前將羊肉置入熱爐內 3 分鐘。

將每份羊肉對切，把一大坨鷹嘴豆泥、塔迦斯卡橄欖、數片芫荽葉及一小匙膨脹的庫斯庫斯一併擺飾於餐盤上。將菜豆及沙威瑪分開上菜。

羅西尼式純菲力牛排，向尚—皮耶·布魯諾[1]致敬

Filet pur de bœuf façon Rossini / Hommage à Jean-Pierre Bruneau

10 人份

羅西尼牛排

- 2.5 公斤諾曼第純菲力牛排
- 奶油及澄清奶油
- 干邑
- 2 大葉鵝肝
- 葡萄籽油
- 250 公克黑松露
- 500 公克豬網油
- 鹽、研磨胡椒粉

松露牛肉汁

- 1 根胡蘿蔔、1 枝旱芹、2 顆洋蔥，以及 3 或 4 瓣蒜頭的蔬菜細丁組合
- 菲力牛排碎肉
- 葡萄籽油
- 初烹牛脂（以精煉者為首選）
- 1 大匙濃縮番茄糊
- 1 大匙麵粉
- 5 公升雞湯
- 200 毫升紅波特酒
- 1 大匙剁碎黑松露
- 鹽之花

馬鈴薯千層酥

- 8 大顆賓哲品種馬鈴薯
- 澄清奶油
- 240 公克黑松露
- 鹽、研磨胡椒粉

羅西尼牛排

將牛菲力加以修整，去除較不嫩且較肥的部分，保留牛菲力心並將其切成 5 份，每份 250 公克。將每份牛菲力用棉線在兩處綑綁，形成美麗的圓形（即 tournedos）。把牛菲力置於焦化奶油中，兩面皆加熱上色，同時仍保持一分熟狀態。之後去除煎炸鍋中的油脂，用干邑焰燒並快速使其冷卻。將每葉肥肝切出 2 塊美麗的長切片，寬度愈寬愈好，厚度則至少 2 公分。將肥肝放進平底鍋中用少許葡萄籽油油煎，以干邑焰燒並快速使其冷卻。將每塊牛菲力從側面對切，如同切開漢堡麵包。用切片機將黑松露切成薄片，把其中一半覆蓋在牛菲力圓片上，再把肥肝長切片修整成與牛菲力圓片相同的形狀，鋪放於其上，再用松露加以覆蓋。將另一半牛菲力圓片蓋上黑松露切片（一如漢堡麵包），並用保鮮膜加壓包裹，但勿壓扁，以塑造出美麗形狀。靜置於陰涼處 1 小時後，移除保鮮膜，將豬網油攤平，並將牛菲力裹上兩層豬網油。接著再裹以保鮮膜，靜置於陰涼處一整夜。

松露牛肉汁

將蔬菜細丁組合放進長柄深鍋中，用葡萄籽油以文火燉煮，勿煮至上色。同時，將修整下來的牛碎肉用牛脂充分煎至上色，須呈現金黃色澤。將肉瀝乾，加入蔬菜，並放入濃縮番茄糊，以刮刀拌炒數分鐘使糊料化開，接著加入麵粉。注入雞高湯，以文火持續滾煮 5 至 6 小時，直至形成糖漿質地。將牛肉高湯以濾網過濾、秤重，接著加入高湯 10% 重量的紅波特酒，再持續收汁。加入剁碎的松露。最後滴入少許松露油。

馬鈴薯千層酥

將馬鈴薯去皮、清洗並用切片機切成薄片。

在一個 10 × 15 公分的模具鋪上烤盤紙。內部刷上澄清奶油，把兩層馬鈴薯切片以魚鱗狀攤放。撒上鹽、胡椒粉，再鋪上一層松露切片並排成魚鱗狀，接著放上兩層馬鈴薯切片。刷上澄清奶油，撒上鹽及胡椒粉。重複交替鋪放的步驟，使其形成 4 層松露切片及 5 層馬鈴薯切片，每次鋪放時均刷上澄清奶油，並撒上鹽及胡椒粉。

置入 165°C 的烤爐內烘烤 1 小時 15 分鐘。靜置放涼，脫模後予以縱向對切，將每半塊切成 6 份。

完成及擺盤

將每份千層酥的兩面輕微上色，呈現出美麗的澄清奶油塗層。用吸油紙吸收溢油，將切塊直立，置入 180°C 的爐內烘烤數分鐘，完成後便可上菜。

移除牛菲力外面的保鮮膜，並在兩面加以調味。將每一面用加熱至起泡的奶油煎過，須充分煎出金黃色澤，同時用奶油均勻澆淋。之後置入 180°C 的烤爐內，將每面烘烤 2 分鐘，接著靜置 10 分鐘。上菜前，再置入烤爐內 3 分鐘。最後將牛菲力切成 2 塊，預計每人半塊。將羅西尼牛排切塊擺放於餐盤上，以鹽之花調味。將千層酥放在一旁。注入松露牛肉汁。

---

1 尚—皮耶·布魯諾（Jean-Pierre Bruneau）是比利時布魯塞爾的布魯諾餐廳主廚。在他任職的 30 年中，布魯諾餐廳摘下米其林三星並維持 16 年。卡倫曾擔任他的副主廚。編注

貴族式野兔　　Lièvre à la royale

10 人份

填餡野兔
- 一隻 3 公斤的博斯（Beauce）產大野兔
- 100 毫升葡萄籽油
- 10 枝百里香
- 5 片月桂葉
- 10 片鼠尾草葉
- 4 瓣去芽蒜頭，切成細片
- 300 公克豬網油
- 200 公克黑松露
- 30 毫升野兔血

烹調湯汁醃料
- 野兔骨、後小腿和碎肉
- 1 根胡蘿蔔
- 1 顆洋蔥
- 1 枝旱芹
- 2 根丁香
- 2 顆杜松子
- 2 公克碾碎小豆蔻籽
- 2 公克碾碎芫荽籽
- 5 公克薑粉
- 2 枝百里香
- 2 片月桂葉
- 2 瓣去芽蒜頭
- 3 瓶紅酒
- 200 毫升紅酒醋

切片醃料
　　每公斤：
- 14 公克細鹽
- 3 公克碾碎黑胡椒

- 20 毫升干邑
- 2 公克乾燥鼠尾草葉粉

肥肝捲
- 500 公克去筋膜鵝肝
- 3 公克細鹽
- 3 公克亞硝酸鈉鹽
- 2 克艾斯佩雷辣椒粉
- 30 毫升干邑

雜醬填餡
- 100 公克野兔雜*
- 100 公克紅蔥頭
- 1 枝百里香
- 1 瓣去芽蒜頭，剁碎
- 20 毫升干邑

★ 若野兔雜份量不足或因獵人射擊而有所破損，則以家禽肝臟取代。

肉餡
- 750 公克豬喉肉
- 250 克去骨野兔上肩肉*
- 14 公克細鹽
- 3 公克碾碎黑胡椒
- 100 毫升法式酸奶油
- 1 整顆雞蛋
- 500 毫升野兔血

★ 原則上，一隻野兔可提供足量肩肉，但必要時使用野兔上肩肉。

烹調湯汁

· 60 毫升葡萄籽油
· 1 大匙濃縮番茄糊
· 1 大匙小麥麵粉
· 3 公升雞高湯（詳見 p.21）

完成

· 鹽之花
· 研磨黑胡椒粉

第一天

將野兔剖切並清空內部，取出內臟。保留兔血，以小量分裝（如放在製冰盒內）並立即冷凍。保留心臟，將其對切並清除血塊。清理肥肝，將其對切並剔除膽汁（綠色部分）。

保留肺臟。將這些內臟以水放流沖淨 20 分鐘、瀝乾，並置於陰涼處保存。將其他內臟丟棄。將頭部摘除丟棄。取下後腿並予以保留。

野兔肉準備

仔細將野兔去骨，同時留意勿將最薄部分的肉刺穿（主要是能把帶脊骨腰肉托持成一體的薄膜）。肩部應保持與餘肉相連的狀態。取下後小腿並予以保留（此部位筋多且堅硬，稍後將用於製作湯汁）。將剩餘兔肉攤平成一塊，平鋪於烤盤紙上。此舉的目的在於塑造出約 40 × 25 公分的長方形。用細尖刀小心將柳肉取出（此部位柔嫩易碎，本身幾乎可以從背部自行「脫離」）。將每塊柳肉縱向打開以形成「皮夾」狀，並平鋪於兩張烤盤紙間。用肉錘將柳肉捶平成約 5 公釐厚度的長切片。第二塊柳肉也以此法重複操作。

如此便有兩塊既長且帶圓錐形狀的柳肉，將兩塊肉頭尾顛倒排列成一個長方形，再以此形狀擺放至野兔最薄的部位，以盡可能形成最均勻的表面。將整塊兔肉放在

一張烤盤紙上，再以另一張烤盤紙覆蓋，用肉錘再一次捶平，好讓肉片均勻，並產生所需的密度。如此一來，除了在烹調過程中得以塑形，口感上亦得以產生令人愉悅的質地。依此方式準備的肉片厚度應該要有 1 公分左右。

移除覆蓋在兔肉上的烤盤紙，將一半葡萄籽油以一短注方式澆淋於兔肉上，再將另一半葡萄籽油灑在百里香、月桂葉、鼠尾草葉及薄切蒜片上。將另一塊野兔柳肉表面重複以此法操作。如此，油得以吸收野兔的野味，使烹調成果的味道更為雅致。接著重新蓋上烤盤紙並靜置於陰涼處醃漬一整夜。依此方式準備的柳肉將用於捏塑成填餡的肉捲（dodine）。

烹調湯汁的醃料

製作蔬菜的細丁組合。將其與兔骨、後小腿及去骨時取得的所有碎肉，以及烹調湯汁醃料的所有材料一併放入容器中，靜置於陰涼處醃漬一整夜。

切片醃料

將後腿去骨，剔除腿肉上所有的筋。將腿肉切成大塊、秤重，並調整醃料份量，冷藏醃漬一整夜。

肥肝捲（詳細步驟參見 p. 222 貴族法式肉派）

用材料將肥肝加以調味並醃漬一整夜。隔天用保鮮膜捲成直徑 5 公分的血腸形狀。用鋁箔紙加以包裹，以便烹調時固定血腸形狀。置入蒸汽爐內以 65°C 蒸 25 分鐘。置於室溫下放涼 2 小時。接著冷藏至少 48 小時，之後才能切片。

第二天

先用前一天所保留的內臟、紅蔥頭、百里香、蒜頭及干邑（詳細步驟參見 p.208）製作雜醬填餡。接著製作肉餡：將豬喉肉及野兔肩肉切成大塊，以刀盤孔徑 10

號的絞肉機絞碎。加入雜醬填餡、鹽、胡椒、酸奶油、雞蛋及 500 毫升兔血，充分攪拌混合，將松露切成細丁並混入餡料內。至此肉餡便已備妥。

從陰涼處取出野兔肉。移除烤盤紙，並將兔肉背面朝下放在保鮮膜上。把肉餡放在整個縱向的兔肉上，形成直徑 10 至 12 公分的粗「血腸」狀，再用雙手塑造出美麗的形狀。同樣使用雙手將切片的「血腸」鋪上，並輕輕壓入肉餡中。將野兔肉翻摺至「血腸」上，在桌上攤平豬網油，將「血腸」先捲入第一張豬網油內，接著捲入第二張豬網油內。用保鮮膜充分包緊以呈現均質狀態。靜置冷藏一整夜。完成後肉捲即已備妥，可進行烹調。

第三天

製作烹調湯汁：先從陰涼處取出烹調湯汁的醃料。將兔骨及碎肉瀝乾，置入烤爐內用 30 毫升的葡萄籽油以 180°C 烘烤上色，勿過焦。用 30 毫升葡萄籽油以大火翻炒蔬菜細丁，勿炒至上色。保留容器內的剩餘汁液，加入兔骨及烤至上色的碎肉，接著加入一大匙濃縮番茄糊，將糊料化開，再加入一大匙小麥麵粉。注入醃料的汁液後，倒入 3 公升雞高湯，以文火熬煮一整夜。之後置於陰涼處保存。

取出填餡的肉捲，把保鮮膜移除。用毛巾捲起肉捲，並且每隔 2 公分就以綁線充分綑緊。過濾湯汁後，把填餡的肉捲放進鍋中，注入湯汁至蓋過肉捲的高度。置入烤爐內以 64°C 烘烤 36 小時（務必持續加入湯汁以蓋過肉捲）。

烹調結束時，將其從鍋中取出，置於室溫下放涼 2 小時，接著置於陰涼處一整夜。

第四天

將野兔從烹調的湯汁中取出，瀝乾後，用保鮮膜包裹，冷藏 3 至 4 天。

第七天

撈除湯汁裡的油脂，並將其收汁至糖漿的質地。

移除保鮮膜並將野兔切成 10 塊圓片。將其放在一只包裹保鮮膜的烤盤上，置入 85°C 的烤爐內回烤 10 餘分鐘。接著移除保鮮膜，將圓片靜置於烤盤上，再置入 180°C 的爐內烤 2 或 3 分鐘。將肥肝捲切成 10 個圓塊。

將兔肉圓片擺放在餐盤上。混合加熱的湯汁與新鮮兔血，過濾後修正調味，必要時加入一滴紅酒醋。將大量醬汁澆淋在兔肉上，每塊野兔圓片上放上肥肝圓塊。上菜前，在肥肝圓塊上撒一撮鹽之花，轉一輪研磨黑胡椒粉。

LES DESSERTS
甜點

法式草莓蛋糕佐大黃果醬 Fraisier, marmelade de rhubarbe

10 份

法式草莓蛋糕餅底

- 400 公克雞蛋蛋白
- 330 公克細砂糖
- 50 公克奶油
- 330 公克杏仁粉

卡士達醬 (crème pâtissière)

- 350 毫升牛乳
- 1 根剖開的香莢蘭,亦即香草 (vanilla),刮取香草籽
- 2 片吉利丁
- 80 公克雞蛋蛋黃
- 80 公克糖
- 40 公克玉米澱粉

奶油霜 (crème au beurre)

- 55 毫升水
- 190 公克細砂糖
- 100 公克雞蛋蛋白
- 320 公克軟化的膏狀奶油

大黃果醬

- 500 公克新鮮大黃
- 40 毫升水
- 180 公克細砂糖
- 1 公克鹽之花

用於擺盤的大黃

- 500 毫升水
- 森巴 (Samba) 花果茶*
- 150 公克糖
- 250 公克新鮮大黃,清洗並乾燥

* 森巴茶是「拉塔斯特莉」(La Tasterie) 品牌的一款花果茶,由洛神花、蘋果、薔薇果、橙、藍莓、金盞花、芒果及熱帶水果香料製成。此款花果茶帶酸且呈現美麗的鮮紅色澤。

法式草莓蛋糕餅底

將蛋白及砂糖用攪拌機打發至雪白,應呈現出泡沫狀但足夠扎實的質地。將奶油融化,在攪拌盆內置入蛋白及糖,並撒入杏仁粉,仔細攪拌混合,接著加進融化的奶油。將餅底混料注入一個 32 × 53 公分的框內,接著放進烤爐內以 180°C 烘烤 15 分鐘。

卡士達醬

將牛乳及香莢蘭一起煮至沸騰,接著熄火、浸漬 20 分鐘(不加蓋)。將吉利丁浸泡於冷水中。在攪拌盆中放進蛋黃及糖,攪打至混料變白,接著加入玉米澱粉。將所有混料加入仍保有餘熱的牛乳中混合攪拌(將香莢蘭取出),持續烹煮至沸騰,過程中不斷攪拌。熄火後,加入瀝乾的吉利丁混合攪拌。用保鮮膜直接覆蓋在混料上加以包覆,並置於陰涼處保存。

奶油霜

用溫度計測溫,將水及糖煮至 120°C。用攪拌機把蛋白略微打發至雪白(應呈現泡沫狀,但切勿打發至扎實狀態)。將煮好的熱糖漿以線狀注入雪白的蛋白上,同時不斷以中速持續攪打,直至完全冷卻。用打蛋器將軟化的膏狀奶油摻入蛋白霜中。將奶油霜置於室溫下保存。

香草卡士達奶油醬

在攪拌盆中放進冷卻的卡士達醬及 150 公克奶油霜,仔細混合攪拌。將此混料填入一個裝有擠花嘴的擠花袋中,置於陰涼處保存。

大黃果醬

大黃清洗、去皮,切成大塊,與水、糖及鹽之花一起放進長柄鍋中,以中火烹煮 20 餘分鐘。接著轉為文火,繼續熬煮 1 小時。

用於擺盤的大黃

將水煮至沸騰,熄火後加入森巴茶,浸泡成既濃且著色的狀態。接著蓋上鍋蓋,浸漬 5 分鐘。之後將森巴茶過濾、加入糖,一併煮至沸騰。將切成長段的大黃放進舒肥用真空包裝袋中,加入森巴茶糖漿後密封,並以 65°C 烹煮 15 分鐘,大黃的質地應仍處於扎實狀態。最後用削皮器或切片機把大黃切成 1.5 公分寬的片狀長條。

完成及擺盤

用直徑 6 公分的切模裁切出法式草莓蛋糕餅底,將其置於一個直徑同樣是 6 公分的組合用圓形模具底部。將草莓剖開並擺放成桂冠狀,以一致的高度貼著圓形模具的內壁。將一大匙大黃果醬放進桂冠內部中央,接著將香草卡士達奶油醬堆放至圓形模具的高度,仔細將其整飾至平順的狀態,以切片的草莓綴飾於桂冠頂端。將草莓蛋糕置於餐盤後去模,底部環繞一片經糖漿烹煮過的長條大黃。

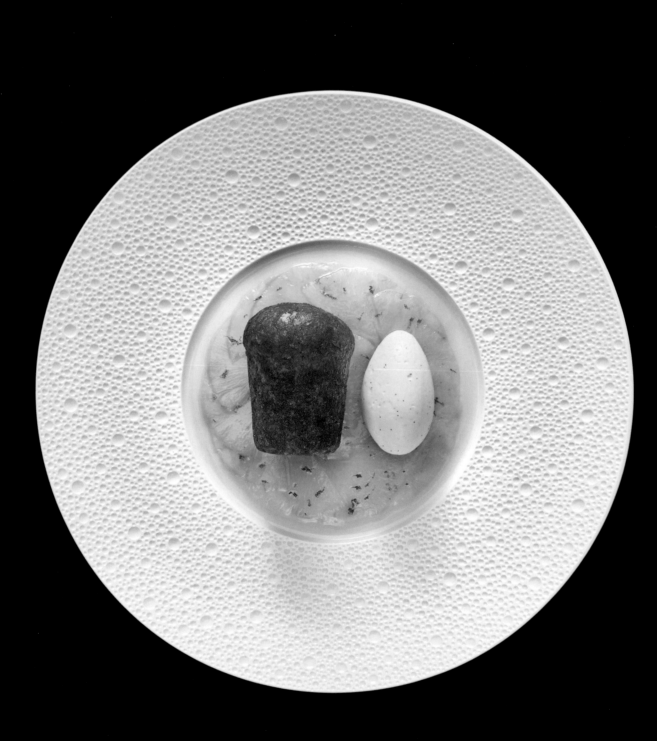

酩酊蘭姆巴巴　Baba ivre de rhum

10 份

巴巴
- 60 毫升全脂牛乳
- 60 毫升液態鮮奶油
- 200 公克麵粉
- 15 公克糖
- 15 公克商業新鮮酵母
- 2 顆雞蛋
- 60 公克融化奶油

用於巴巴的糖漿
- 1.5 公升水
- 800 公克糖
- 200 公克鳳梨汁
- 100 公克橙汁
- 1 顆用 Microplane® 刨刀刨絲的橙皮
- 1 根剖開並刮取香草籽的香莢蘭
- 340 毫升蘭姆酒

打發鮮奶油
- 1/2 公升液態鮮奶油
- 40 公克細砂糖
- 1/2 根剖開並刮取香草籽的香莢蘭
- 1/2 顆用 Microplane® 刨刀刨絲的橙皮

鳳梨
- 2 顆維多利亞（Victoria）品種鳳梨
- 與用於巴巴的糖漿同款糖漿
- 1 顆青檸

巴巴

加熱牛乳及鮮奶油至 30°C。將麵粉、糖、剁碎酵母、牛乳及鮮奶油注入配有攪拌鈎的攪拌機缽中。加入 2 顆雞蛋，以慢速揉製生麵團。摻入剩餘的 2 顆雞蛋後，再持續揉製，直至生麵團不沾黏缽壁的程度。加入融化奶油，深入攪拌混合，靜置於暖和且可避開空氣流通處，待其發酵 30 餘分鐘。將生麵團排氣，填入模具中，靜置發酵後（生麵團體積應膨脹一倍），置入 170°C 的爐內烘烤 35 分鐘。

用於巴巴的糖漿

將所有材料放進長柄鍋中攪拌混合，接著煮至沸騰。一旦沸騰就立刻熄火，接著浸漬 1 小時，不加蓋。之後用濾網過濾，並加入蘭姆酒。

打發鮮奶油

將液態鮮奶油與糖、香莢蘭及橙皮放進長柄鍋中煮至沸騰。置於室溫下放涼後，將整個混料以細網篩過濾，加蓋，置入冰箱保存一整夜。在即將上菜前，用攪拌機將鮮奶油打發。

鳳梨

鳳梨去皮後，用切片機切成 2 公釐厚度的薄片。將薄片浸漬在用於巴巴的糖漿中，並置於陰涼處保存。擺盤時，將薄片擺放於餐盤上，用 Microplane® 刨刀將青檸外皮刨絲，撒在整個備料上。

完成及擺盤

將尚有餘溫的糖漿放進長柄鍋中，再浸入巴巴。數分鐘後，待巴巴吸收足量的糖漿時，將其放在架上瀝乾，接著擺放在鳳梨切片上。在每塊巴巴側邊加入一勺漂亮的可內樂狀香草籽打發鮮奶油。

波旁香草閃電泡芙佐榛果帕林內抹醬　Éclair à la vanille Bourbon, praliné noisette

20 份

泡芙生麵團

- 180 公克麵粉
- 15 公克水
- 15 公克牛乳
- 5 公克細鹽
- 10 公克細砂糖
- 120 公克奶油
- 300 公克雞蛋（6 顆中等大小的雞蛋）

泡芙酥皮

- 150 公克奶油
- 180 公克紅糖（cassonade）
- 150 公克麵粉
- 30 公克馬可那（Marcona）品種杏仁粉

酥脆帕林內抹醬

（Le praliné croustillant）

- 100 公克法芙娜（Valrhona®）的「吉瓦那」（Jivara）40% 巧克力
- 230 公克 60% 帕林內抹醬
- 200 公克法芙娜的「金碧輝煌」（Éclat d'or）（薄脆捲餅〔crêpe dentelle〕碎片）

波旁（Bourbon）香草卡士達醬

- 450 毫升牛乳
- 50 毫升液態鮮奶油
- 1 根波旁香莢蘭，剖開並刮取香草籽
- 4 片（8 公克）吉利丁
- 90 公克雞蛋蛋黃
- 90 公克細砂糖
- 50 公克玉米澱粉
- 50 公克奶油

香緹鮮奶油（crème Chantilly）

- 1/2 根波旁香莢蘭
- 250 毫升液態鮮奶油
- 10 公克細砂糖

搭配上菜

- 糖粉

泡芙生麵團（詳細步驟亦參見 p. 202）

將麵粉過篩。將牛乳、鹽、糖及奶油放進長柄鍋中煮至沸騰。加入麵粉，接著用木製刮刀以中火將其煮乾。熄火後，逐一加入雞蛋。將生麵團填入一個裝有直徑 16 公釐的圓口擠花嘴的擠花袋中。

泡芙酥皮

將所有材料用手指加以攪拌混合，直到形成均勻的沙質狀態。將此生麵團擀推成 3 公釐的厚度，並置於兩張塑膠片之間，放入冷凍庫內使其硬化，接著將其裁切成與閃電泡芙相同尺寸的長方形。

酥脆帕林內抹醬

將巧克力融化後與帕林內抹醬攪拌混合，加入「金碧輝煌」。將所有混料攤平在 Rhodoïd® 品牌的塑膠片上，再置入冰箱中使其硬化，最後裁切成與閃電泡芙相同的尺寸。

波旁香草卡士達醬

將鮮奶油、香莢蘭及香草籽放進牛乳中一併煮至沸騰。熄火，蓋上鍋蓋，浸漬 20 分鐘。將吉利丁浸泡於冷水中。

將蛋黃與糖放進攪拌盆中用力攪打，直至混料變白。加入玉米澱粉混合攪拌，接著加入約 100 毫升已浸漬過香莢蘭且仍保有餘熱的牛乳，再次混合攪拌。將所有混料注入仍有剩餘香草牛乳的長柄鍋內，將此醬煮至沸騰，並持續煮約 2 分鐘。熄火後，加入奶油及已瀝乾的吉利丁，用手持攪拌器攪拌所有混料。最後置於陰涼處保存。

香緹鮮奶油

剖開香莢蘭並刮出香草籽。將液態鮮奶油注入攪拌機的缽中攪打並加入糖及香草籽，直至鮮奶油形成扎實且蓬鬆的狀態。

烹調、組合及完成

將泡芙生麵團置於一只烤盤上，擺飾成 12 公分長的閃電泡芙。將長方形泡芙酥皮放在每個泡芙生麵團上，接著置入傳統烤爐（切勿使用旋風烤爐）內以 165°C 烘烤 25 至 30 分鐘。將卡士達醬及香緹鮮奶油混合攪拌，將此混合奶油醬填入一個裝有扁齒擠花嘴的擠花袋中，擠進閃電泡芙。將每塊閃電泡芙放在長方形的酥脆帕林內抹醬上。撒上糖粉。

法式千層酥　Millefeuille

6份

法式千層酥
- 1公斤5摺千層酥皮生麵團（詳見 p.196）
- 搭配上菜的糖粉

波旁香草卡士達醬
- 900 毫升牛乳
- 100 公克液態鮮奶油
- 2 根波旁香莢蘭，剖開並刮取香草籽
- 8 片（16 公克）吉利丁
- 180 公克雞蛋蛋黃
- 180 公克細砂糖
- 100 公克玉米澱粉
- 100 公克奶油

法式千層酥
依據詳細步驟製作千層酥皮生麵團（詳見 p.196）。待生麵團完成 5 摺且休息完畢時，將其擀成 2 公釐的厚度，再裁切出 3 張 14 × 25 公分長片。把麵團長片置入 165°C 的烤爐內烘烤 1 小時，靜置放涼。

波旁香草卡士達醬
將鮮奶油、香莢蘭及香草籽放進牛乳中一併煮至沸騰。熄火後蓋上鍋蓋，浸漬 20 分鐘。將吉利丁浸泡於冷水中。

將蛋黃及糖放進攪拌盆中用力攪打，直至混料變白。加入玉米澱粉混合攪拌，接著加入約 200 毫升已浸漬過香莢蘭且仍保有餘熱的牛乳，再次混合攪拌。將所有混料注入仍有剩餘香草牛乳的長柄鍋內煮至沸騰，並持續煮約 2 分鐘。熄火後，加入奶油及已瀝乾的吉利丁，用手持攪拌器攪拌所有混料，使其平滑柔順。用保鮮膜直接包覆混料，並置於陰涼處保存。

擺盤
將卡士達醬填入一個裝有扁齒擠花嘴的擠花袋中，以 3 片酥皮及 2 層卡士達醬輪替交疊，組合成法式千層酥。在表面撒上糖粉。

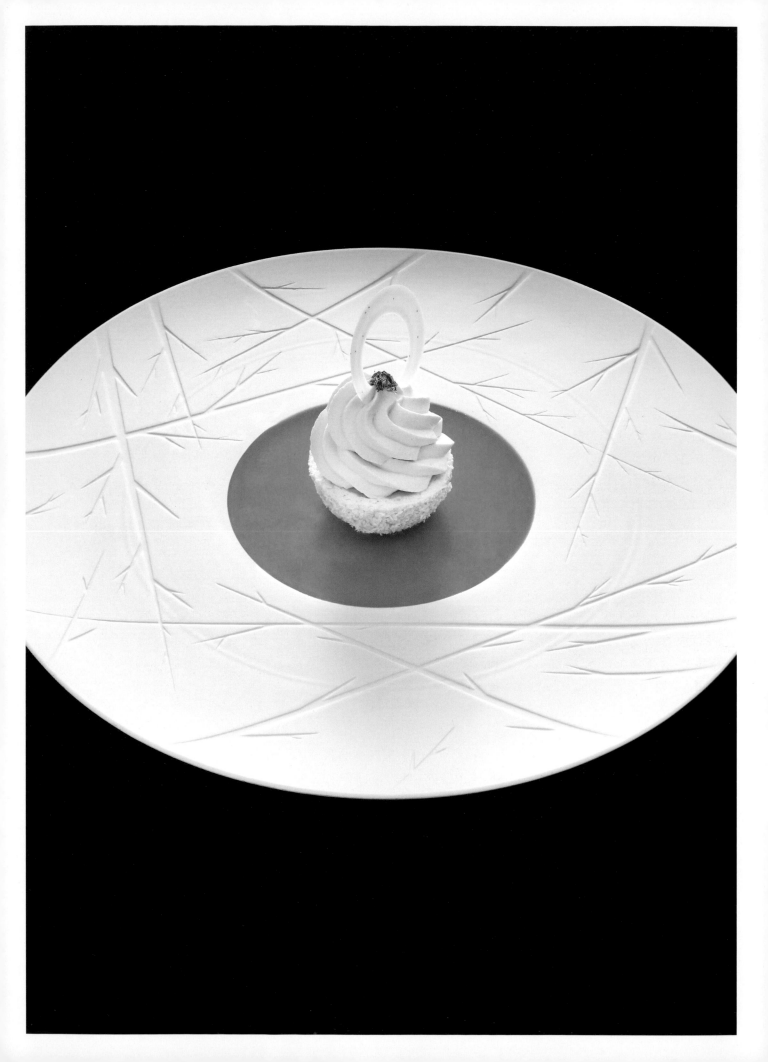

異國水果帕芙洛娃蛋糕　Pavlova aux fruits exotiques

10 份

蛋白霜（meringue）殼
- 100 公克雞蛋蛋白
- 75 公克糖
- 75 公克糖粉
- 椰子粉
- 白巧克力

異國水果醬
- 150 公克芒果肉
- 50 公克鳳梨肉
- 100 公克百香果肉
- 30 毫升青檸汁

水果細丁
- 1 顆維多利亞品種鳳梨
- 2 顆芒果
- 5 顆百香果
- 檸檬香蜂草葉
- 異國水果醬

檸檬草香緹鮮奶油
- 2 枝檸檬草
- 250 毫升液態鮮奶油
- 100 公克馬斯卡彭（mascarpone）起司
- 20 公克糖

白巧克力裝飾
- 150 公克白巧克力
- 金箔

蛋白霜殼

用攪拌機打發蛋白，過程中加入砂糖，直到形成扎實的蛋白霜。接著摻入糖粉，並用刮刀加以攪拌。將蛋白霜填入一個裝有圓口擠花嘴的擠花袋裡，分裝到直徑 6 公分的半圓球形矽膠模具中。用湯匙將半圓球形模具挖空，以取得蛋白霜殼。

把蛋白霜殼置入 85°C 的烤爐內烘烤 3 小時，脫模後，靜置放涼。將椰子粉置入烤爐內略微焙烤，但保持幾乎未上色的程度。融化白巧克力，填入噴槍中。將白巧克力噴在蛋白霜外殼，接著撒上略微焙烤過的椰子粉。

異國水果醬

將所有材料放進 Thermomix® 食物調理機中攪打混合，用濾網過濾後，置於陰涼處保存。

水果細丁

將鳳梨及芒果去皮，剖開百香果，取出果肉。將水果切成細丁（小丁），檸檬香蜂草葉切至薄細。加入少許異國水果醬，使所有材料融為一體。

檸檬草香緹鮮奶油

將檸檬草切至薄細。煮沸鮮奶油後，加入檸檬草。接著熄火，蓋上鍋蓋，浸漬 30 分鐘。用濾網過濾，並冷藏保存至隔天。上菜前，將鮮奶油、馬斯卡彭起司及糖打發成香緹鮮奶油，將此香緹鮮奶油填入一個裝有帶齒擠花嘴的擠花袋中。

白巧克力裝飾

軟化白巧克力：用隔水加熱方式以 45 至 48°C 之間的溫度（勿超過）融化白巧克力，再以隔水方式置於 26 至 27°C 的冷水中放涼，接著用上一步驟中隔水加熱的溫度使其升溫到 29 至 30°C。將軟化的白巧克力攤平在兩張 Rhodoïd® 品牌的巧克力玻璃紙間，待其硬化成形，再使用兩個不同尺寸的圓形切模將其切出圓環狀。

擺盤

將摻有水果細丁的異國水果醬填入蛋白霜殼內，剩餘的水果醬（不含水果細丁）裝入餐盤。將香緹鮮奶油直接擠在水果細丁上面，裝飾於蛋白霜殼上。用白巧克力調整裝飾，最後擺上少許金箔。將組合好的甜點置於餐盤中央。

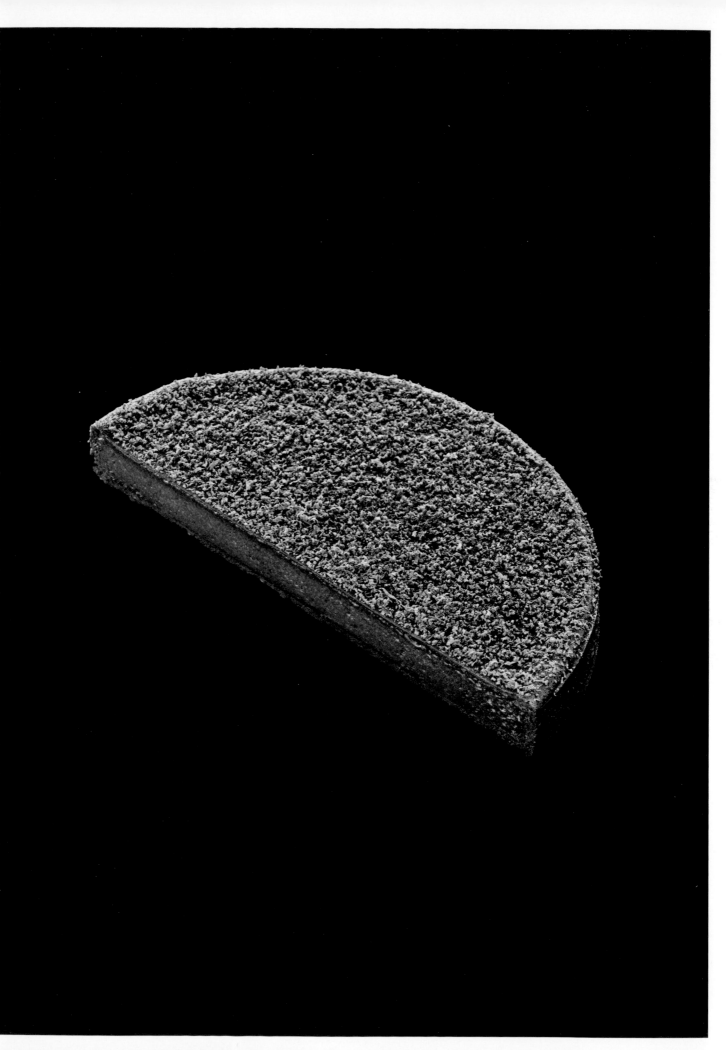

巧克力塔佐開心果冰淇淋 Tarte au chocolat, glace à la pistache

10 人份

巧克力餡料

- 300 公克法芙娜的「瓜納哈」（Guanaja）70％巧克力，並保留少許用於搭配上菜
- 200 公克奶油
- 200 毫升液態鮮奶油
- 200 公克雞蛋蛋白
- 40 公克細砂糖
- 1 顆雞蛋蛋黃（20 公克）

塔底油酥生麵團

- 60 公克軟化的膏狀奶油
- 60 公克細砂糖
- 55 公克榛果粉
- 50 公克麵粉
- 15 公克可可粉

開心果冰淇淋

- 800 毫升牛乳
- 15 公克奶粉
- 240 公克細砂糖
- 27 公克粉狀葡萄糖
- 160 毫升液態鮮奶油
- 100 公克開心果泥
- 8 公克酒精濃度 40％櫻桃白蘭地（kirsch）
- 135 公克雞蛋蛋黃
- 5 公克冰淇淋穩定劑

巧克力餡料

將巧克力碾碎。加熱奶油及鮮奶油，但勿煮沸，過程中要不停攪拌。將加熱後的奶油及鮮奶油注入碾碎的巧克力上，並攪拌混合。

將蛋白打發，同時加入細砂糖。待其質地變得扎實，便和入先前準備好的巧克力混料，並用刮刀攪拌。最後加入蛋黃。

塔底油酥生麵團

將所有材料加以攪拌混合，直至形成一塊生麵團。將其塑形成球狀，用保鮮膜包裹起來，靜置於陰涼處至隔天（或至少 2 小時）。將生麵團用擀麵棍擀推成 3 公釐的厚度，並鋪放在直徑 25 公分的製塔圓形模具內。將此塔底置入 155℃ 的烤爐內烘烤 25 分鐘，然後靜置放涼。

開心果冰淇淋

將牛乳及奶粉放進攪拌機已預熱過的缽中，在 4℃ 的溫度下攪拌。待其升至 25℃ 時，摻入細砂糖及粉狀葡萄糖。溫度升至 35℃ 時，注入液態鮮奶油。溫度升至 37℃ 時，摻入開心果泥及櫻桃白蘭地。待其升至 40℃ 時，放入蛋黃。升至 45℃ 時，摻入混有少許細砂糖的冰淇淋穩定劑，加熱至 85℃，並持續 2 分鐘。接著將混料迅速冷卻至 4℃，並置入冰箱內靜置熟成 12 小時。最後放進冰淇淋機中攪拌製冰。

烹調及擺盤

將巧克力餡料自塔底注滿至邊緣，並置入 180℃ 的爐內持續烘烤 6 至 7 分鐘。接著放涼至室溫狀態，勿冷藏。可隨意用 Microplane® 刨刀將瓜納哈巧克力加以刨絲，搭配一勺可內樂狀的開心果冰淇淋及／或一勺可內樂狀的香草冰淇淋（詳見 p.183 配方），然後上菜。

布魯塞爾鬆餅佐香草冰淇淋 Gaufre de Bruxelles, glace à la vanille

10 份

鬆餅生麵團

- 500 毫升冷水
- 25 公克剁碎的商業新鮮酵母
- 400 公克麵粉
- 30 公克細砂糖
- 10 公克鹽
- 2 顆整顆雞蛋
- 200 公克融化奶油

香緹鮮奶油

- 1/2 根波旁香莢蘭
- 250 毫升液態鮮奶油
- 25 公克馬斯卡彭起司
- 25 公克細砂糖

香草冰淇淋

- 1 根波旁香莢蘭
- 1/2 公升牛乳
- 250 毫升液態鮮奶油
- 180 公克雞蛋蛋黃
- 125 公克細砂糖

鬆餅生麵團

將所有材料放進攪拌盆中攪拌混合，再用手持攪拌器攪打。待生麵團發酵至一倍大的體積，排氣後，置於陰涼處保存。

香緹鮮奶油

剖開香莢蘭並刮出香草籽。將液態鮮奶油及馬斯卡彭起司注入攪拌機的缽中攪打，並加入糖及香草籽，直至鮮奶油形成扎實且蓬鬆的質地。

香草冰淇淋

剖開香莢蘭並刮出香草籽。將牛乳、液態鮮奶油、香莢蘭與香草籽放進長柄鍋內，煮至沸騰。熄火後，浸漬 30 分鐘，不加蓋。之後，取出香莢蘭，再度將混料持續滾煮。將蛋黃及糖放進攪拌盆中攪打，直至呈現白色狀態。將 2/3 浸漬香草的牛乳—鮮奶油混料用打蛋器迅速攪打混合，接著將全部混料及剩餘的香草牛乳一併倒回原本的長柄鍋中，以文火加熱，並用木製刮刀以 8 字形方式在長柄鍋內不斷攪動，以免鮮奶油沾鍋。

將鮮奶油持續加熱至 84℃。熄火後，繼續攪拌 1 至 2 分鐘，鮮奶油將更為濃稠。之後用篩網過濾，以保鮮膜直接包覆混料，置入冰箱內冷藏 12 小時。最後放進冰淇淋機中攪拌製冰。

烹調及擺盤

將生麵團注入預熱好的鬆餅機中，僅需數分鐘鬆餅便能烤熟。搭配香緹鮮奶油及一勺可內樂狀的冰淇淋，立即上菜。

巴黎—布雷斯特泡芙　Paris-Brest

10 份

泡芙酥皮

- 145 公克奶油
- 180 公克紅糖
- 150 公克麵粉
- 30 公克杏仁粉（若條件允許，品種以馬可那為佳）

泡芙生麵團

- 180 公克麵粉
- 150 毫升水
- 150 毫升牛乳
- 5 公克細鹽
- 10 公克細砂糖
- 120 公克奶油
- 300 公克雞蛋（6 顆中型雞蛋）
- 用於烹調的杏仁片
- 搭配上菜的糖粉

香草烤布蕾餡料

- 1 根大溪地產香莢蘭
- 250 毫升牛乳
- 250 毫升液態鮮奶油
- 75 公克雞蛋蛋黃
- 50 公克細砂糖

杏仁榛果帕林內抹醬

- 1 根香莢蘭
- 150 毫升水
- 500 公克細砂糖
- 370 公克帶皮杏仁粒（若條件允許，品種以馬可那為佳）
- 370 公克榛果

帕林內卡士達醬

- 1/2 根香莢蘭
- 300 毫升牛乳
- 50 毫升液態鮮奶油
- 70 公克雞蛋蛋黃

- 60 公克細砂糖
- 35 公克玉米澱粉
- 180 公克帕林內抹醬
- 25 公克榛果醬
- 170 公克奶油

泡芙酥皮

　　將所有材料用手指加以攪拌混合，直到形成均勻的沙質狀態。將此生麵團擀成 3 公釐的厚度，並置於兩張 Rhodoïd® 塑膠片之間，放入冷凍庫內使其硬化，接著用切模將其裁切成直徑 8 公分的圓環。

泡芙生麵團（詳細步驟亦參見 p. 202）

　　將麵粉過篩。將水、牛乳、鹽、糖及奶油放進長柄鍋中煮至沸騰。加入麵粉，接著用木製刮刀以中火將其煮乾。熄火後，逐一加入雞蛋。將生麵團填入一個裝有直徑 12 公釐的圓口擠花嘴的擠花袋中。將直徑 8 公分的圓環排列放置在一只烤盤上，泡芙酥皮鋪在圓環上，撒上杏仁片，置入傳統烤爐（切勿使用旋風烤爐）內以 165°C 烘烤 25 至 30 分鐘。

香草烤布蕾餡料

　　剖開香莢蘭，並用刀尖刮出香草籽。將全部的香莢蘭與香草籽加入牛乳與液態鮮奶油中，放進長柄鍋內煮至沸騰。熄火後，加蓋浸漬 30 分鐘。將蛋黃及糖加以攪打，直至呈現白色狀態。接著加入鮮奶油及牛乳，並持續攪拌。加蓋後，冷藏 24 小時，接著置入 90°C 的爐內烘烤 1 小時，再置入冷凍庫內，使其硬化，最後將其裁切成直徑 7 公分的圓環。

杏仁榛果帕林內抹醬

　　剖開香莢蘭，並刮出香草籽。用溫度計測溫，將水、糖與香草籽煮至 116°C。摻入堅果，使其沙質化（亦即攪拌混合到堅果外皮都裹上一層糖），直至形成焦糖狀態。靜置放涼後，再混合攪打到形成抹醬質地。

帕林內卡士達醬

　　剖開香莢蘭，並刮出香草籽。將鮮奶油、香莢蘭及香草籽放進牛乳中煮至沸騰。熄火後，蓋上鍋蓋，浸漬 20 分鐘。將蛋黃及糖放進攪拌盆中用力攪打，直至混料變白。加入玉米澱粉混合攪拌，接著加入約 200 毫升已浸漬過香草籽且仍保有餘熱的牛乳，再次混合攪拌。將所有混料注入仍有剩餘香草牛乳的長柄鍋內，煮至沸騰，並持續煮約 2 分鐘。熄火後，加入帕林內抹醬及榛果醬，充分混合攪拌。待此混料溫度降至 40°C 時，加入切成小塊的奶油。充分混合攪拌後，置於陰涼處數小時。最後，用打蛋器仔細打發卡士達醬，填入一個裝有帶齒擠花嘴的擠花袋中。

組合

　　將每塊泡芙自側邊予以對切。底層先綴以帕林內卡士達醬，接著鋪上香草烤布蕾餡料，再覆以大量的帕林內卡士達醬。放上另一半泡芙，作為頂蓋，最後略微撒上糖粉。

Secrets et techniques I
La base

祕密與技藝 I
基底

7

8

9

酥皮生麵團 Pâte à croûte

40 公分長的肉派，所需的量為 **1.8** 公斤。

1. **1.75 公斤酥皮生麵團的量，所需材料為：**
   - 500 公克軟化得剛好的膏狀奶油
     （外層已軟化，但內心未融化）
   - 150 公克水
   - 18 公克鹽
   - 1 公斤麵粉
   - 100 公克雞蛋蛋黃

   務必避免兩件事：加入過軟的奶油，以及揉捏生
   麵團的時間過長。如果奶油在攪拌混合時過軟，
   生麵團也會變得過軟，邊緣比較容易發酵，可能
   會造成肉派內餡溢出的風險。若過度揉捏生麵
   團，就會變得更有彈性，烘烤時容易收縮。

2. 將水和鹽攪拌混合。

3. 把奶油切成每邊約 1 公分的塊狀，加入麵粉中。

4. 把奶油及麵粉放進攪拌盆中，以手搓揉，形成沙
   質狀態。首先，用雙手手指將麵粉及奶油攪拌混
   合並擠壓，時間不要過長，以免使奶油融化。

5. 一段時間後，奶油開始與麵粉充分混合，形成結
   塊的粗沙質地。混料質地會變得愈來愈均勻，要
   持續搓揉，直到生麵團不再結塊。

6. 將整個混料倒在工作檯上，並持續用手搓揉，使
   其形成粗沙質地，同時也將成堆混料逐漸從原處
   挪開：用手掌捧取部分混料，並在旁邊搓揉。

7. 在這個階段，混料質地應已變得細緻而均勻。如
   果整個成堆的混料都已挪開搓揉過，但仍未完成
   沙質化的狀態，便再次進行將成堆混料挪開搓揉
   的程序。

8. 將混料鋪放成井槽狀。

9. 將水及鹽注入凹槽中。

10

11

12

13

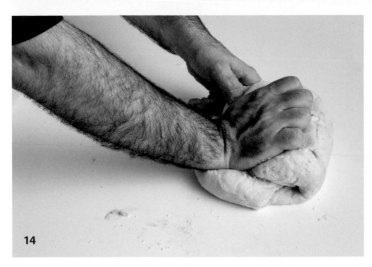

14

17

15

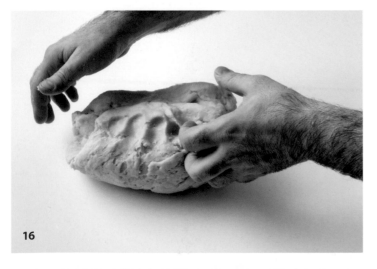

16

10. 用手將麵粉及奶油混料從外往內撥。

11. 以夠快的速度揉捏混料。此時混料的質地應處於才剛混合所以還夠鬆脆的狀態。生麵團揉捏得愈少，烘烤時就愈密實穩定。生麵團揉捏得愈多，烘烤時就收縮得愈厲害。

12. 將生麵團收攏，塑造成略微扁平的形狀。這時的生麵團看來不應是扎實的質地。

13. 輕輕揉捏生麵團，並加入蛋黃。

14. 將生麵團簡短往外推再收攏：將生麵團快速翻摺，只要稍微接合即可。

15. 這時的混料不應過於平滑，仍可看出它的質地，以及蛋黃的痕跡。

16. 以手指按壓生麵團的時候不應回彈，但應該會留下指印。如果生麵團回彈，就表示彈性過度，烘烤時可能會碎裂。

17. 另外保留一塊 350 公克的小塊生麵團，用於之後的裝飾，其餘生麵團（1.4 公斤）用於製作肉派。將兩塊生麵團都用保鮮膜包起，靜置於陰涼處一整夜。

小塔生麵團 Pâte à tartelettes

生麵團的準備技巧，詳見 p. 190 酥皮生麵團的配方及步驟。

1. **約 900 公克生麵團（相當於 100 個小塔）的量，所需材料為：**
   - 200 公克軟化得剛好的膏狀奶油（外層已軟化，但內心未融化）
   - 100 毫升水
   - 9 公克鹽
   - 500 公克麵粉
   - 200 公克雞蛋

2. 準備直徑 5 公分，深底且開口外擴的白鐵製（最適合用於酥皮類）小塔模具，以及一個金屬製或木製的小塔壓模器。

3. 將生麵團擀推成 1.5 公釐的厚度，必要時在擀平的生麵團上撒些麵粉。

4. 用圓形切模裁切生麵團，直徑要略寬於模具。

5. 將生麵團用壓模器或手指壓入模具底部。

6. 用刀切除超出模具的生麵團。

7. 將 10 餘個模具堆疊起來，以防生麵團在烘烤過程中移位。

置入 165°C 的烤爐內烘烤 11 分鐘。從爐內取出後立即脫模，置於烤架上放涼，保存於乾燥環境中。之後靜置於陰涼處一整夜。

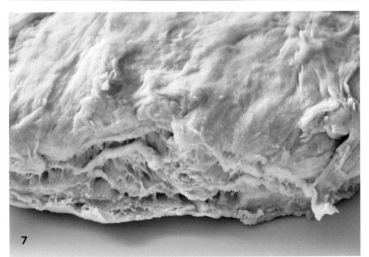

6

7

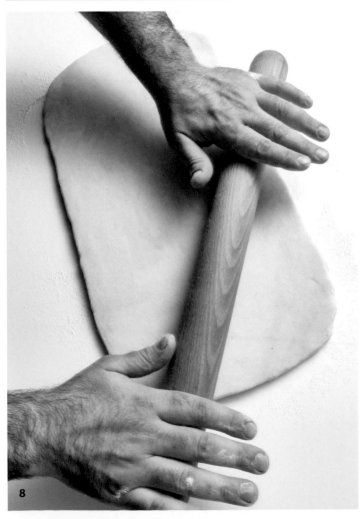

8

千層酥皮生麵團 Pâte feuilletée

約 2 公斤生麵團的量，相當於 1 塊小生麵團或 4 張 40 × 60 公分，厚度 2.5 公釐的擀平生麵團。

用於生麵團混料（détrempe），所需材料為：

- 875 公克 T45 麵粉及 375 公克 T55 麵粉（總重 1.25 公斤）
- 31 公克鹽
- 545 公克水
- 190 公克融化奶油

用於酥皮，所需材料為：

- 1 公斤乾奶油（若條件允許，以夏朗德省〔Charente〕產的品牌為佳，例如「蘭絲可」〔Lescure〕）

製作生麵團混料：

1. 將奶油融化。

2. 將鹽溶於水中。

3. 將兩種麵粉攪拌混合，加入鹽水，勿過度攪拌。

4. 用手攪拌混合，並加入融化的奶油。一邊混合，一邊旋轉攪拌盆。

5-6. 將生麵團拌揉到沒有結塊的狀態。

7. 用保鮮膜包起，靜置於陰涼處至少 2 小時。

翻摺（tourage）

8. 將麵粉撒在工作檯上。

   在生麵團混料上撒上麵粉，用擀麵棍擀推成 63 × 26 公分，厚度 12 公釐的長方形擀平生麵團，尺寸相當於乾奶油塊的一倍（20 × 30 公分）。

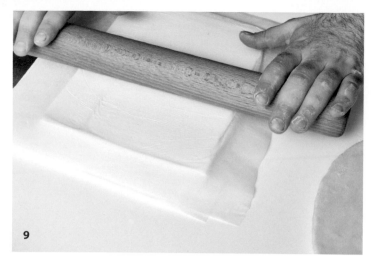

9

10

11

12

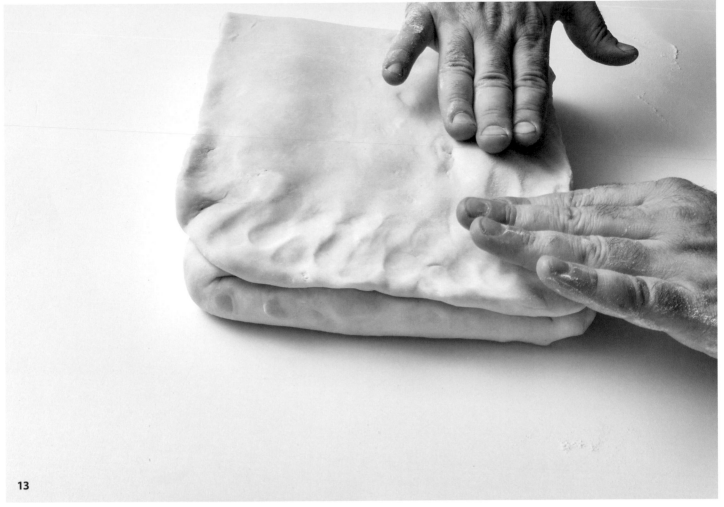

13

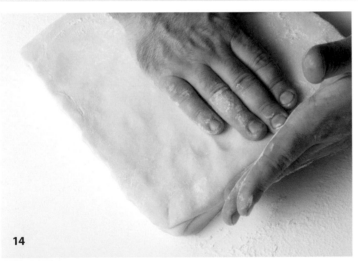

14

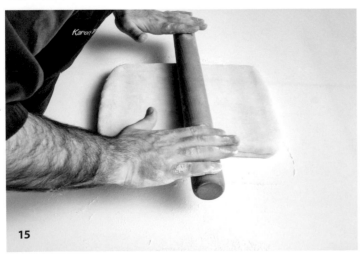

15

9. 把奶油放在兩張烤盤紙之間，用擀麵棍略微擀平，使其表面呈現均勻的狀態。

10. 把奶油放在生麵團混料的其中一半位置，奶油的 3 個側邊都預留 3 公分的生麵團邊緣。

11. 將生麵團混料的邊緣翻摺到奶油的 3 個側邊上，再用手指指尖略微按壓。

12. 將另一半生麵團混料翻摺到奶油上。

13. 充分按壓 3 個側邊，使其接合。

14. 在擀平的生麵團一側撒上麵粉，接著在另一側撒上麵粉。將麵團壓平。

15. 開始用擀麵棍將生麵團擀薄。

16

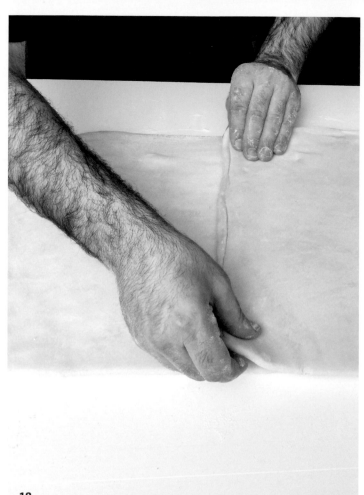

17

18

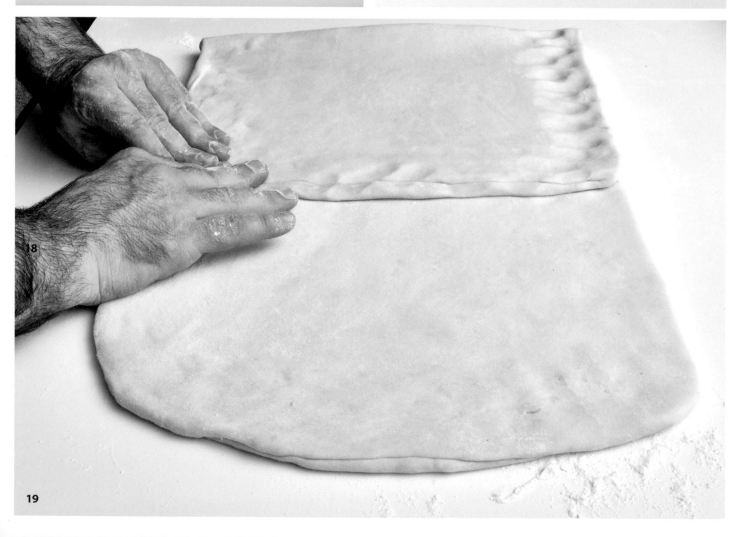

18

19

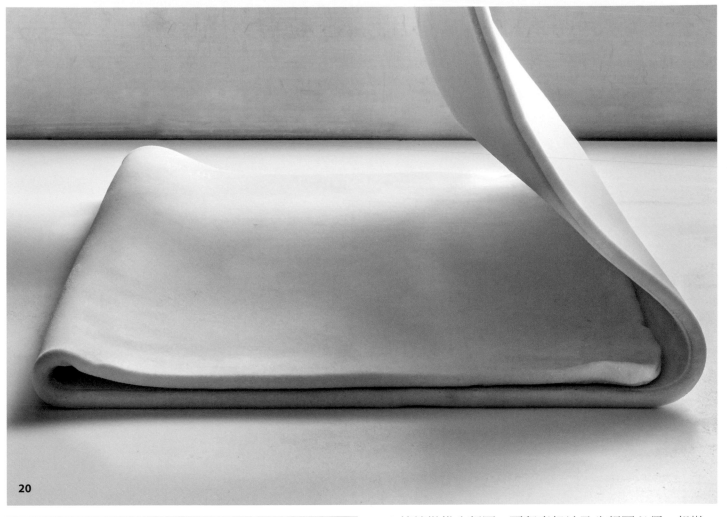

20

21

16. 持續擀推生麵團，要留意奶油及生麵團必須一起擀，勿使奶油收縮或溢出生麵團。

17. 將生麵團擀平到 6 公釐厚。

18-19. 翻第一摺。先將左側 1/3 的生麵團往中間摺，並按壓邊緣，以免生麵團在後續的步驟中偏移位置。

20. 將剩餘生麵團的右側 1/3 也往中間摺。用擀麵棍輕輕擀平生麵團，使擀平的生麵團更為平整一致。接著用保鮮膜包裹，置於陰涼處 2 小時。如此便完成了第一摺。

21. 翻第二摺。將生麵團取出，移除保鮮膜，並放在工作檯上。必須確保只有閉合的一側（其餘 3 個側邊皆有 1 至 2 個隙縫，如圖所示）位於左方或右方，絕非上方或下方。沿著縱向將生麵團擀平：從下往上擀，再從上往下擀，切勿從左往右擀。將生麵團旋轉 1/4 周，使長方形橫向朝向自己。將長方形生麵團的兩側加以翻摺，並用擀麵棍輕擀生麵團，使擀平的生麵團更為平整一致。依配方要求將生麵團多次翻摺。每次翻摺後，皆用保鮮膜加以包裹，並靜置於陰涼處至少 2 小時。最後一次翻摺完成後，將生麵團擀平成 2.5 公釐的厚度。

泡芙生麵團 Pâte à choux

1. **約 1.7 公斤生麵團的量（相當於 200 份小泡芙），所需材料為：**
   - 250 毫升牛乳
   - 250 毫升水
   - 10 公克鹽
   - 10 公克糖
   - 200 公克奶油
   - 300 公克麵粉
   - 500 公克雞蛋

2. 將水及牛乳注入鍋中。

3. 加入鹽及糖（亦可於煮沸後再加入）。

4. 加入奶油並煮至沸騰。亦可於燒熱時再加入奶油，兩者沒有差別。

5. 待奶油完全融化後，逐漸撒入麵粉，同時不斷以打蛋器攪拌混合。

6-7. 餡料變得濃稠。轉為中火，持續用木匙攪拌 10 分鐘。

8. 鍋底附著一層麵團，並且逐漸增厚。不要試圖將其剝離。待其形成一層不透明的酥皮且開始上色，就表示麵團已經煮熟。在麵團轉為榛果色的狀態前，將鍋子從火源移開。

9. 將麵團移入槳狀攪拌機的缽中，以最高速攪拌 15 分鐘。

10. 逐漸加入雞蛋，每次加入都用木匙充分攪拌。

11. 將麵團填入擠花袋中，並放在一張 Silpat® 烤盤墊上。

爐內烹調

12. 將烤爐預熱至 165°C。置入烤爐內烘烤 25 至 30 分鐘。若是用於 p. 16 配方的小泡芙，則要在置入烤爐之前，先將刨絲的帕馬森起司撒在小泡芙上。

香料植物薄餅 Crêpes aux herbes

　　香料植物薄餅作為基底，可吸收千層酥皮備料中的溼氣及油份。這道料理用來製作庫利比亞克、威靈頓牛排和高麗菜捲等菜餚。

20 份薄餅的量，所需材料為：

- 2 顆雞蛋
- 300 毫升牛乳
- 125 公克麵粉
- 4 公克鹽
- 50 公克融化奶油
- 8 公克扁葉歐芹，去葉
- 8 公克山蘿蔔，去葉
- 8 公克細香蔥
- 葡萄籽油

1. 將雞蛋及牛乳用打蛋器加以攪拌。

2. 將其注入麵粉中，並加以攪拌。

3. 撒鹽，加入融化的奶油，用打蛋器繼續攪拌混合。

4. 加入香料植物。

5. 用手持攪拌器攪打，以釋出葉綠素。靜置於陰涼處 2 小時。

6. 將平底鍋或薄餅煎鍋上油。薄餅麵團攤平成大約 2 公釐的厚度。

7. 將兩面油煎，勿煎至過度金黃。

7

8

9

金色麵糊 Roux blond

　　若要使醬汁黏稠，則務必將冷麵糊加入熱醬汁，或將熱麵糊加入冷醬汁。

1 公斤金色麵糊的量，所需的材料為：
- 500 公克奶油
- 600 公克麵粉

1. 將奶油切成小塊放進長柄鍋中，加蓋後，用小火加以融化。

2. 加入麵粉，並用最小的文火烹煮 5 分鐘，用圓形刮刀不斷攪拌。此時混料不應沾黏。

3. 將鍋子蓋上鍋蓋，並置入 180°C 的烤爐內，烘烤15 分鐘後，將鍋子取出。

4. 用刮刀充分攪拌，仔細將鍋子的內壁刮乾淨。

5. 重新蓋上鍋蓋，再度置入 180°C 的烤爐內繼續烤15 分鐘。從烤爐內取出時，應可聞到一股餅乾氣味（但不上色）。如此一來金色麵糊便不會帶有麵粉味。若想製作褐色麵糊，可再次放進烤爐內持續烘烤，直至色澤改變。

6. 將麵糊攤平在鋪有烤盤紙的烤盤上。

7. 將烤盤往工作檯敲擊數次，直到麵糊形成平滑狀態。

8. 置入冰箱內放涼（若有必要，可放至隔天），直到麵糊硬化。將整塊麵糊完整放進舒肥用的真空包裝袋或密封盒中，置於冰箱內保存。

9. 亦可用刀切成細丁，或用 Microplane® 刨刀刨成絲。

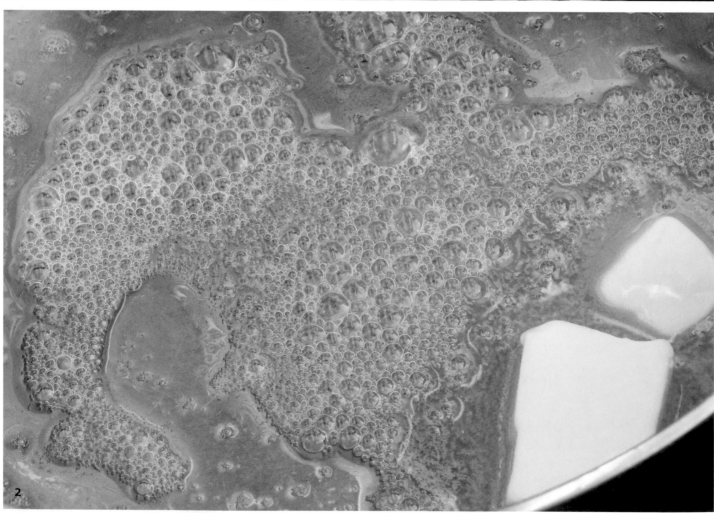

肝醬填餡 Farce à gratin

以肝臟為基底的填餡是豬肉餡及肉醬的黏稠劑。原料的選擇取決於肉醬的性質：鴨肉醬選用鴨肝，鴿肉醬則選用鴿肝，小牛肝、豬肝等也是以此類推。若無適用的肝臟可選，仍須以家禽肝臟來製作這道料理。

熱的肉派中，肝醬填餡會加入蒜頭。

此處的版本以家禽肝臟為基底。波特酒的選擇取決於填餡的性質：以小牛或家禽為基底的白填餡，使用白波特酒。紅填餡（鴨、鴿）使用紅波特酒。重口味的填餡（野味、野兔、狍）則使用干邑。

此處我們使用紅波特酒。

用 1 公斤豬肉餡來製作肝醬填餡，所需的材料份量為：

- 250 公克經過清理的家禽肝臟
- 250 公克紅蔥頭
- 50 公克紅波特酒
- 1 小匙新鮮百里香葉
- 2 片對切月桂葉
- 1 塊奶油

1. 將紅蔥頭去皮並切至細碎。

2. 將奶油放進煎炸鍋中融化。

3. 以小火烹煮紅蔥頭，勿煮至上色。轉為最小的文火後，加入肝臟。撒上鹽，以及一輪研磨黑胡椒粉，再用奶油及香料與肝臟一起拌炒，但勿煮熟。

4. 熄火後，加入紅波特酒。

5. 將肝臟移入攪拌盆中。
   此備料方式可使肝醬填餡形成極為「帶血」的狀態，具有美麗的粉紅色澤。這種色澤正是為何我們可以在肉派的豬肉餡中減少亞硝酸鈉鹽用量的原因，尤其也因為這個原因，才能形成沒有結塊的液態質地。作為肉派餡料中唯一的黏稠劑元素，肝醬填餡應該要具備這種液態質地。如果在第一個步驟中就煮熟肝臟，便無法使豬肉餡變得黏稠。接著將備料置於陰涼處，直到所有材料充分冷卻（至少 1 小時）。

6. 用刀盤孔徑 6 號的絞肉機絞碎肝醬填餡到極細緻的程度。

Secrets et techniques II
Le montage

祕密與技藝 II
組合

1

3

4

2

5

蕎麥生蠔佐水田芥慕斯
Huître au sarrasin, mousse au cresson

詳見 p. 28 配方

1. 香料植物（p.28 的配方中使用水田芥，此處使用酸模，但作法相同）應放進煮滾的鹽水中汆燙 5 秒鐘。瀝乾後加以輕壓，勿擠出汁液。置於陰涼處保存待用。

2. 將生蠔撬開、去殼，收集生蠔的汁液。將汁液過濾後，把生蠔用原本的汁液漂洗，然後放進一只正好可以在鍋底鋪滿一層生蠔的鍋中。再一次過濾汁液，接著注入鍋中，直到可以覆蓋生蠔的高度。

3. 以文火加熱鍋子，並將手指浸入。使溫度緩緩上升，直到忍不住縮手，便可熄火，將生蠔自鍋中取出。這個作法的用意是讓生蠔緊實而不至於煮熟。

4. 從中選取最漂亮的生蠔加以保留，同時也保留生蠔汁液，以及最漂亮且最深的生蠔殼。將汁液秤重，其中一半用於慕斯，另一半用於完成階段。

5. 將白酒及紅蔥頭放進一只鍋中，收汁到一半的量。

6. 收汁完成時，加入紅酒醋……

7. ……接著加入液態鮮奶油。煮至沸騰後，熄火。

8. 將剩餘的生蠔加進去。

9. 再加入酸模，用手持攪拌器攪打所有混料。

10

12

13

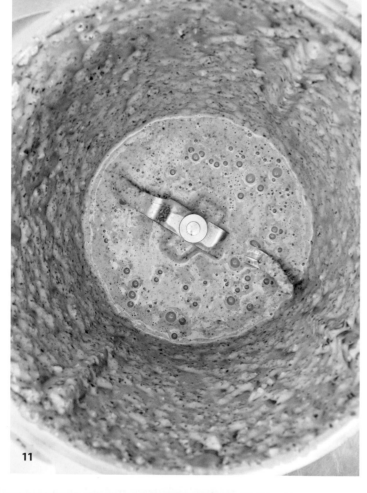

11

14

15

16

10. 將吉利丁浸泡於夠冷的水中約 5 分鐘，瀝乾後，加進先前的備料。

11. 用手持攪拌器（若條件允許）攪打所有混料，時間要夠長，直到形成泡沫狀的質地。

12. 用濾網過濾並擠壓。

13. 清洗並刷拭預先保留的生蠔殼，接著放進水中煮沸數分鐘，以便將生蠔殼消毒。接著以水放流再次清洗並刷拭。

14. 將生蠔殼直接放在粗鹽堆上，用湯匙或活塞式漏斗將慕斯填入殼內，接著置於陰涼處數小時，待其凝固。

15. 依圖片顯示，生蠔是在上菜前才整顆放在慕斯上。亦可依照 p.29 的配方指示，把生蠔切成小塊，並與「卡莎」混合。

16. 把之前收集的生蠔汁液膠化至 10%，待其凝固成糖漿的質地，加入生蠔汁。

1

2

3

4

5

歐芹豬肉凍
Chaud-froid de jambon persillé

詳見 p. 64 配方

1. 熟食調理的材料：去皮、去骨、鹽漬 24 小時且乾燥 48 小時的奧文尼產豬上肩肉。釘入丁香的洋蔥、胡蘿蔔、韭蔥（此處圖示未出現）、蒜頭、一束由百里香、月桂及歐芹莖、旱芹、蓽拔、胡椒粒、茴香、芫荽所組成的辛香配料。

2. 進行熟食調理，亦即將豬肩肉放進依照 p. 65 配方的步驟 1 所完成的烹調湯汁中，確保豬肩肉以 85℃ 的恆溫烹煮 9 至 12 小時，切勿超過 90℃。

3. 低溫熟食調理的方式可使肉質鬆軟多汁，但仍維持扎實狀態，不會因過熟而變硬。

4. 後續步驟的材料，10 點鐘起依順時針方向分別為：胡椒、新鮮百里香、刨碎的肉豆蔻、蒜頭、切碎的薄荷、剁碎的龍蒿、切碎的紅蔥頭、扁葉歐芹、剁碎的酸黃瓜。中間為：辣根的根、侏羅省產黃酒醋。

5. 將蒜頭及紅蔥頭加入收汁後的烹調湯汁，接著加醋。

6. 加入剁碎的酸黃瓜……

7. ……接著加入刨絲的肉豆蔻……

8. ……以及胡椒。

9

11

12

10

13

14

15

16

9. 把辣根的根刨得細碎，撒入全部混料。

10. 把前述材料放入一只沙拉缽中，接著加入汆燙過並剁至細碎的香料植物。放入切成小塊的豬肩肉後，充分攪拌混合。若質地太過濃稠，則加入湯汁，使餡料形成均質狀態。若餡料太乾，則將無法膠化。

11. 將歐芹豬肉分裝到半圓球形的矽膠模具中，並刮平表面。

12. 置於陰涼處待其凝固，接著予以脫模。

13. 將半圓形球體的歐芹豬肉裹上英式麵糊：首先裹上麵粉……

14. ……接著裹上攪打過的雞蛋蛋白。

15. 接著裹上大量的墨魚麵包屑。

16. 將裹好英式麵糊的半圓形球體置於陰涼處保存，直到要油炸之時。

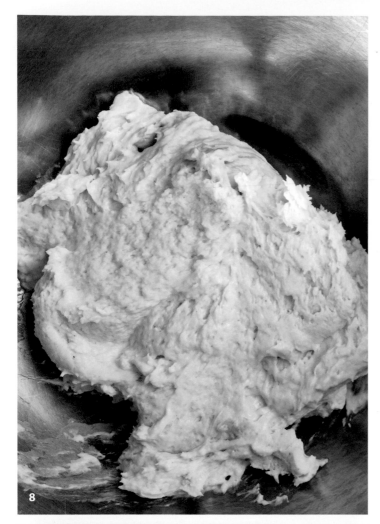

白梭吻鱸可內樂 Quenelles de sandre

詳見 p. 58 配方

1. 材料由左而右，由上而下，分別為：
   白胡椒、肉豆蔻、蛋、淡奶油、牛乳、鹽、奶油、
   雞蛋蛋白、去骨去皮的白梭吻鱸肉、麵粉。

2. 首先製作泡芙生麵團。更明確的內容可參見 p. 202
   泡芙生麵團的詳細製作步驟。將牛乳注入長柄鍋
   中，並煮至沸騰。

3. 加入奶油及鹽。將奶油融化，煮至沸騰。

4. 加入麵粉，並充分混合攪拌。

5. 將生麵團以中火燒乾，接著逐顆加入雞蛋。

6. 將生麵團大致攤放在鋪有烤盤紙的烤盤上降溫。

7. 用一張烤盤紙覆蓋在上面，接著略微擀平，待其
   冷卻。

8. 白梭吻鱸肉應去骨且去皮。把它連同小牛腎脂肪
   一起放入絞肉機，用極細孔徑的刀盤絞碎，接著
   過篩。將此餡料及泡芙生麵團集中放入槳狀攪拌
   器的缽中，盡可能深入混合攪拌所有混料。

* 若欲使其形成更蓬鬆且更平順的狀態，則將餡料放進
  Pacojet® 的冷凍粉碎調理器缽中，先加以冷凍，再於冷
  凍狀態下攪打。

9. 將水注入一只長柄鍋中，加熱至微滾。
   用 2 支湯匙為可內樂塑形，然後放入水中。

10. 將每邊各烹煮 4 分鐘，接著放在吸油紙上瀝乾。

1

2

貴族法式肉派 Noble pâté-croûte

詳見 p. 74 配方

　　詳見酥皮生麵團（p.190）、肝醬填餡（p.208）的製作步驟。膠凍準備及肉派烹調則參見 p.74-75 配方的敘述。

　　預先準備 50 公分長、42 公分寬刻度的紙卡用於比對，以裁切擀平的生麵團。

1. **此為法式肉派的原料：**

   由下而上，依順時針方向分別為

   - 肉餡（由豬肉餡、肝醬填餡及剁碎的鴨肉切片所混合而成）
   - 西西里產開心果
   - 酥皮生麵團（分成兩塊小生麵團。參見 p.190 酥皮生麵團的詳細步驟）
   - 蛋黃液
   - 白鐵製的肉派模具（40 公分長、8 公分寬、8 公分深）
   - 調味肥肝捲
   - 切成對應肉派尺寸的鴨胸肉

   要製作豬肉內餡，必須先製作豬肉餡基底，接著再將其與肝醬填餡攪拌混合（詳見 p.208）。

2. **製作豬肉餡基底，所需材料為：**
   - 500 公克比戈爾產黑豬胸肉，去皮
   - 500 公克奧文尼產農養豬肩肉（即豬胸下方可見的肉塊）
   - 3 公克四香粉
   - 6 公克細鹽及 6 公克亞硝酸鈉
   - 50 毫升紅波特酒
   - 1 片月桂葉
   - 1 小匙新鮮百里香葉
   - 3 公克研磨黑胡椒粉

3. 將豬胸肉及豬肩肉切成均勻的 2 公分肉塊。將調味料放進攪拌盆中，並注入波特酒，放入肉塊，用手揉捏攪拌。將保鮮膜直接貼著肉覆蓋於上，並冷藏保存 48 小時，好讓鹽充分發揮作用。若以舒肥真空袋浸漬並平放保存，效果更佳。

6

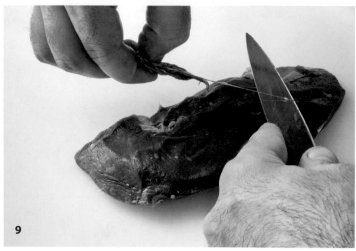

9

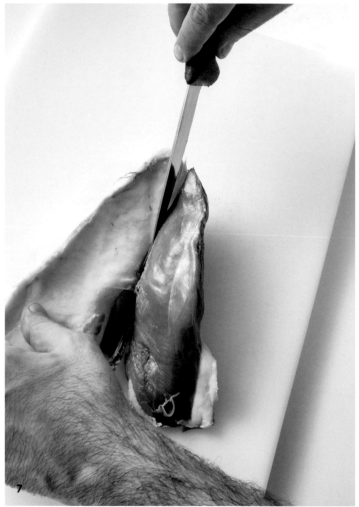

7

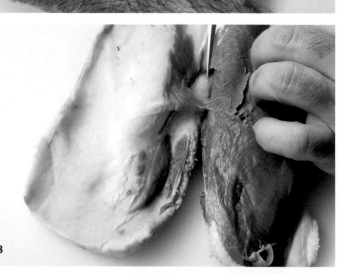

8

10

11

12

13

14

15

4. **鴨的所需材料為：**
   - 3 塊優質鴨胸肉
   - 每 1 公升水需要 150 公克鹽（其中 10% 的鹵水液作為注射用）

5. 將鹽及水加以混合以準備鹵水。灌入注射器中。

鴨肉準備

6. 將鴨胸肉去皮。

7. 鴨皮會自行剝落⋯⋯

8. ⋯⋯但最後須用刀切斷。

9. 用刀去除鴨胸肉的筋膜。

10. 鴨胸肉應完美修整。

11. 注射每塊鴨胸肉的整個肉心，每處皆不遺漏。注射鹵水的份量是每塊鴨胸肉重量的 10%。

12. 將鴨胸放進一個長盒，浸漬在剩餘的鹵水中，置於陰涼處 24 小時。

13. 浸漬完成後，將鴨胸肉擦乾，放入冰箱，以循環冷氣將鴨胸肉風乾 24 小時。為了讓鹽能繼續發揮作用，並且讓肉塊都能均勻吸收鹵水，這段風乾時間有其必要。

14. 將鴨胸肉裁切出模具的寬度。
    在波札餐廳，我們有一個白鐵模具是專為此操作而特製的，尺寸為 38 × 8 × 6 公分，是為了我們肉派模具的規格而製造。若沒有我們這款模具，則可用一般肉派模具的規格來切割鴨胸肉，也要將酥皮生麵團的厚度列入考量。

15. 將鴨胸肉置於模具中，加以修整。

16

17

18

19

20

21

22

23

24

16. 將鴨肉斜切，使肉塊邊緣得以密合，形成均勻的鴨肉塊，毫無缺角縫隙。

17. 取鴨肉薄片（切完剩餘的邊角料），切成 5 公釐左右的細丁。

18. 鴨胸肉應緊密貼合模具。

肥肝的所需材料為：

- 1 葉 500 至 600 公克法國原產新鮮鵝肝
  每公斤鵝肝量需要搭配：
- 6 公克細鹽
- 6 公克亞硝酸鈉
- 2 公克艾斯佩雷辣椒粉
- 每公斤 3 公克現磨黑胡椒
- 2.5 毫升波爾多紅酒
- 1 片豬板油薄片
- 1 張豬網油

肥肝準備

19. 仔細分離肥肝葉。

20. 去除肥肝的筋膜：以鉗子將筋膜挑出。

21. 肥肝應塑造成血腸形狀，故先剁成塊狀。

22. 將肥肝秤重，並依重量取用對應份量的佐料。
    將調味佐料放進攪拌盆中攪拌混合。

23. 將肝臟調味，覆蓋以調味料，並置於陰涼處醃漬 24 小時。

24. 以模具的長度為準，將肥肝塑造出血腸形狀（必須將生麵團的厚度列入考量）。

25

26

27

28

29

30

31

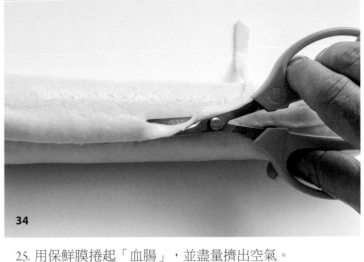

34

32

25. 用保鮮膜捲起「血腸」，並盡量擠出空氣。

26. 將保鮮膜兩端扭緊，使肥肝捲緊實。

27. 必要時由「血腸」兩端擠出空氣，並在工作檯上來回滾動，使其平滑均勻。

28. 在「血腸」上殘留空氣之處扎孔，以使空氣排出，再置入冰箱 1 小時，使肥肝變硬。

29. 將豬板油薄片裁切成 43.5 × 25 公分的長方形（豬板油薄片的寬度）。使用金屬尺來調整豬板油薄片的寬度。

30. 裁切豬板油薄片的兩端，每端預留 7 公釐長。

31. 將豬板油薄片的邊緣貼在肥肝上，沿著整個肥肝長邊充分黏附。

32. 將豬板油薄片緊緊裹住肥肝。可借助刮刀操作。

33. 別忘了將豬板油薄片充分黏附於肥肝的兩端。

34. 用剪刀沿長邊裁剪豬板油薄片，並將兩邊的邊緣接合。

33

35. 用刮刀將豬板油薄片的邊緣整理平順，使邊緣充分黏附。

36. 將「血腸」用保鮮膜包裹，並留意保持其形狀均勻。

37. 將保鮮膜兩端扭緊，使肥肝捲維持緊實。靜置於陰涼處 1 小時。

38. 移除保鮮膜，用一張豬網油將肥肝捲包覆一圈。

39. 裁切多餘的豬網油。

40. 重新用保鮮膜將它整個包裹起來。放入冰箱保存。

豬肉內餡製作

41. 首先依 p.208 的詳細步驟準備肝醬填餡。

42. 將豬肉餡基底直接加入肝醬填餡中。
將孔徑 10 公釐的刀盤裝入絞肉機。
從豬肉餡基底挑除月桂葉後，用絞肉機絞碎，讓絞肉直接落入裝有肝醬填餡的調理盆中。

43. 將混料秤重：預計每 1 公斤肉餡（豬肉餡基底 + 肝醬填餡）加入 1 顆蛋。

44. 用手充分混合攪拌。

45. 加入第二顆蛋並繼續混合攪拌，直到豬肉內餡變得黏稠。

46

47

48

49

50

51

52

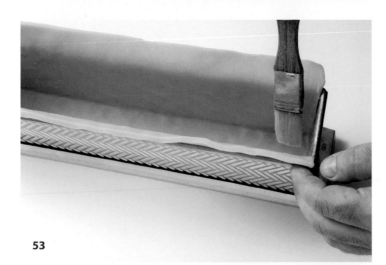

53

54

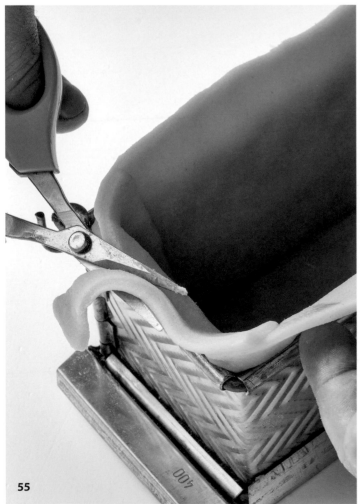

55

46. 加入鴨肉切片並用手混合攪拌。

47. 豬肉內餡完成。

肉派組合

48. 提前 20 分鐘將 1.4 公斤的大塊酥皮生麵團從冰箱內取出。（將 350 公克的小塊酥皮生麵團置於陰涼處）。用擀麵棍稍微碾壓生麵團，以便將生麵團擀平。

49. 將生麵團擀成 5 公釐的厚度。

50. 裁切生麵糰。在波札餐廳，我們使用已經裁好規格的紙板來協助進行此操作。

51. 切掉擀平後的圓形生麵團邊緣，好讓麵團形成直角狀態，再裁切成 50 × 42 公分的長方形生麵團。接著依下列規格裁切成：
   - 一張 30 × 42 公分的擀平生麵團，用於肉派底部；
   - 一張 12 × 42 公分的擀平生麵團，用於肉派頂蓋；
   - 兩張 8 × 12 公分的擀平生麵團，用來為肉派末端塑形。

   保留剩下的一條 8 × 18 公分的帶狀擀平生麵團，留待裝飾。

52. 將擀平的 30 × 42 公分大張生麵團鋪放在模具底部。每一側超出模具的生麵團寬度都要均等。把擀平的生麵團充分黏附於模具內緣及模具底部。

53. 用刷子在擀平生麵團的兩端刷上蛋黃液。

54. 將兩張 8 × 12 公分擀平生麵團各自黏附於頭尾兩端。

55. 用剪刀裁剪超出模具四邊範圍的生麵團，並預留超出 2 公分的邊。要妥善確保生麵團黏附於模具的底部及內緣。

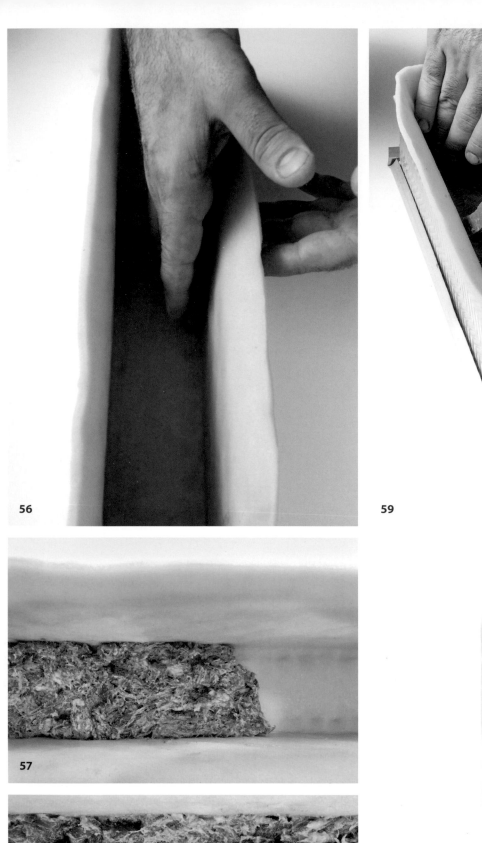

56

57

59

58

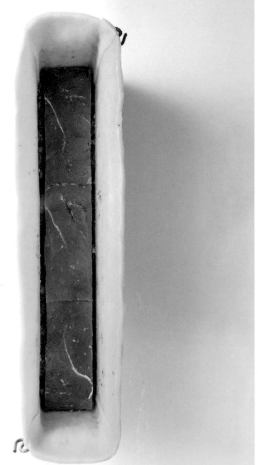

60

61

56. 為了妥善確保生麵團緊密地黏附於模具的內緣，將內部均勻按壓。此舉會在生麵團上留下指印。

57. 將 250 公克的肉餡放入生麵團底部均勻鋪平並壓實，注意不要弄破生麵團。

58. 沿著生麵團長邊排列兩行開心果，並使開心果略微交疊，因為切開肉派時，開心果應該要一直都出現在切面中。加入 250 公克的肉餡覆蓋於開心果上。

59. 把鴨肉鋪放於肉餡上。

60. 須知鴨肉及生麵團間仍留有空隙。

61. 仔細用刮刀在鴨肉及生麵團之間的空隙填滿肉餡。

62. 再用肉餡加以覆蓋，並重新排列兩行開心果。

63. 再鋪上 250 公克的肉餡，接著在中央放上肥肝捲。

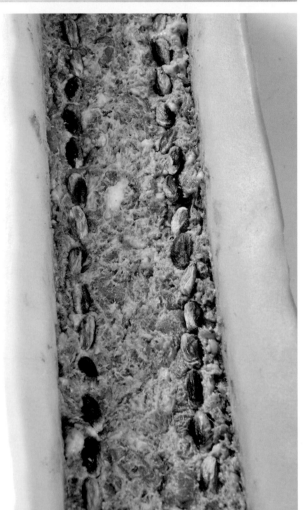

62

63

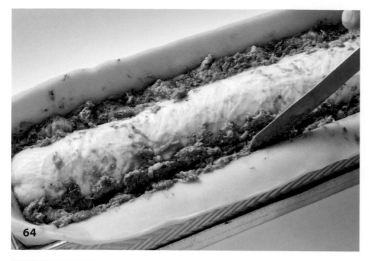

64

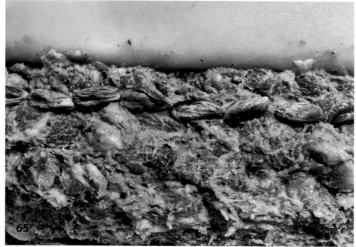

65

66

67

68

64. 加入肉餡，使其蓋過肥肝捲至 1 公分的高度。

65. 再排列兩行開心果。

66. 最後加入剩餘的肉餡，使其隆起。肉餡的邊緣應與模具邊緣齊平。將刮刀浸過葡萄籽油之後，刮平表面。

67. 將生麵團邊緣刷上蛋黃液。

68. 將擀平的 12 × 42 公分生麵團置中鋪在上層。

69. 用大拇指和食指充分按壓生麵團，將各邊黏合封實。

70. 將超出邊緣的生麵團都刷上蛋黃液，再將其翻摺至肉派上。

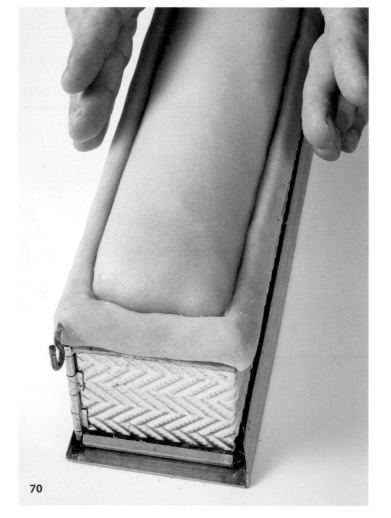

71

72

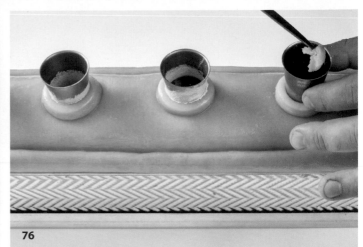

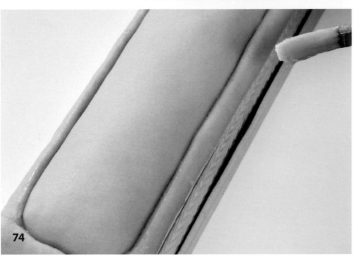

製作孔洞並裝飾肉派

71. 將 350 公克的小塊生麵團自冰箱內取出,擀平至 8 公釐的厚度。作出指環形狀以作為孔洞,可用直徑 4 公分的切模裁切出 4 個圓片。

72. 以直徑 24 公釐的擠花嘴將圓片穿孔,這些指環即可作為孔洞。若無擠花嘴,亦可使用鋁箔紙圍繞長條管,以此切割出孔洞。

73. 將剩餘的生麵團擀平至 5 公釐的厚度,裁切出 5 公釐寬的長條,作為裝飾的枝條。

74. 在放置孔洞之前,將肉派的整個表面都刷上蛋黃液。

75. 將一個指環黏著在肉派上,插入一個預先抹上麵粉、直徑 24 公釐的擠花嘴,以刺穿生麵團。

76. 移除擠花嘴內的生麵團(但勿取下擠花嘴),接著用同樣作法做出其他 3 個孔洞。

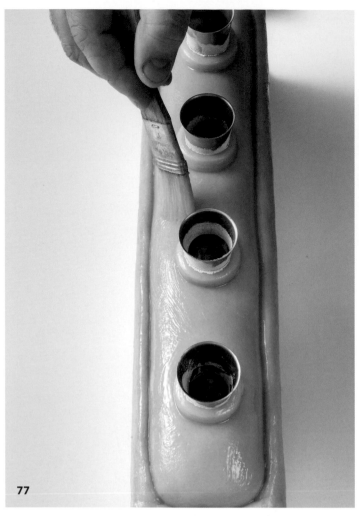

77

79

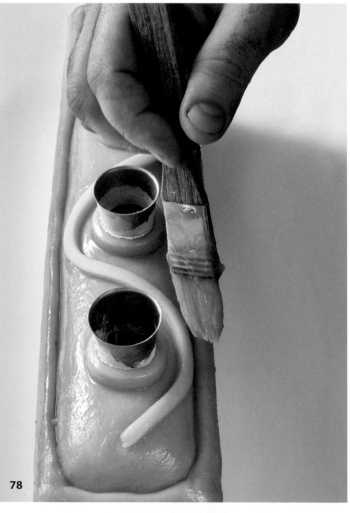

78

80

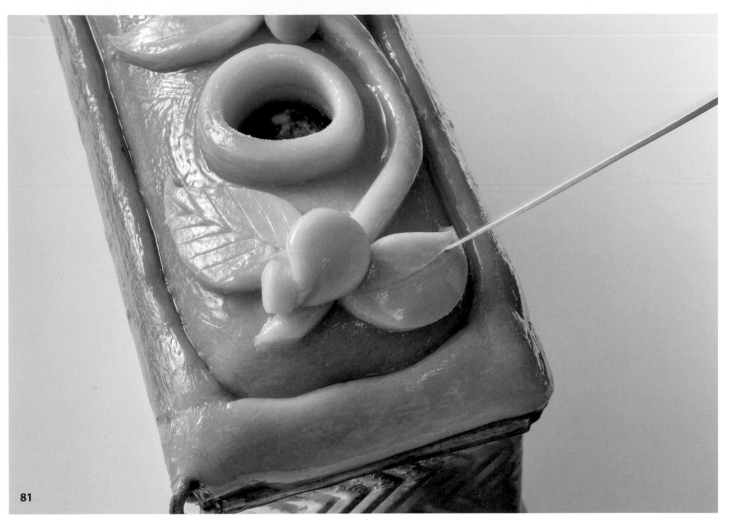

81

77. 將肉派刷上蛋黃液。

78. 擺放裝飾用的枝條。將其刷上蛋黃液，曲折繞過孔洞並黏在酥皮上，再次刷上蛋黃液。

79. 使用剩餘的麵團枝條添加花紋，將它們用蛋液黏在酥皮上並刷上蛋液。

80. 用生麵團裁切出葉子及花瓣外形，黏著在枝條上，並刷上蛋黃液。取下擠花嘴。

81. 再刷上一層蛋黃液，並將肉派置於陰涼處保存一整夜。隔天將肉派取出，並重新刷上蛋黃液。置於陰涼處 10 分鐘，接著用刀尖在葉片上刻劃出葉脈。

82. 有關肉派烹調及靜置，詳見 p.74 配方。

82

8

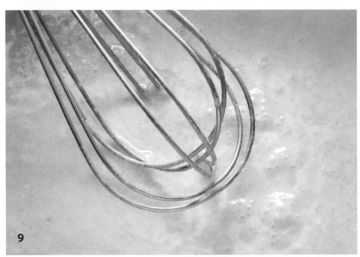

9

10

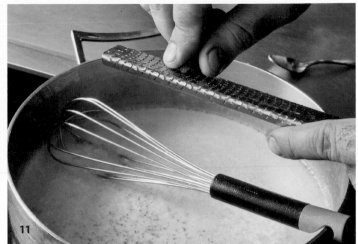

11

庫利比亞克 Koulibiak

詳見 p. 102 配方

鮭魚準備

1. 配料材料由下開始分別為（依順時針方向）：菠菜、蕎麥、韭蔥、蘑菇、鮭魚柳、水煮蛋。鮭魚柳應加以修整，使其厚度一致均勻，形成一個長35 公分的長方形肉塊。

2. 將魚柳兩面都撒上鹽。

3. 在平底鍋底部鋪放一張烤盤紙。以旺火加熱平底鍋。注入油，使其充分覆蓋烤盤紙。

4. 將鮭魚放在烤盤紙上，以高溫油煎表面。

5. 煎出金黃色澤時，利用烤盤紙翻面。勿將鮭魚煎熟，須高溫油煎並保持生肉狀態。

6. 將鮭魚另一面也煎出金黃色澤，接著用兩支刮刀小心地將鮭魚從平底鍋中取出，勿使其碎裂及破損。

7. 把魚放在烤盤上，兩面都撒上胡椒粉，置於陰涼處保存。

白醬製作

8. 將牛乳煮至沸騰。再將冷的金色麵糊（詳見 p. 102）逐漸加入牛乳中，同時用打蛋器攪拌。

9. 烹煮至濃稠。待混料變稠時，用打蛋器加以攪打，以消除顆粒。

10. 若白醬不夠濃稠，可再加入金色麵糊。接著持續烹煮並攪打，直到形成平滑的狀態。

11. 加入少許刨絲的肉豆蔻。

17

21

18

19

20

蘑菇醬製作

12. 把紅蔥頭剁碎並為蒜頭去皮、去芽。

13. 用奶油以小火翻炒蘑菇細丁。

14. 待其水分蒸發後，加入紅蔥頭及蒜頭。蓋上鍋蓋，
    以最小的文火繼續烹調 30 分鐘。

15. 掀蓋後，將火稍微開大，讓蘑菇醬燒乾。

16. 加入兩湯匙白醬，這是為了使「庫利比亞克」在
    烹調後易於塑形。置於陰涼處保存。

菠菜準備

17. 去除菠菜的根部，接著清洗。

18. 將菠菜放進煮沸的鹽水中汆燙 2 分鐘，瀝乾後，
    以奶油快速炒熟。

19. 將菠菜放進濾篩中瀝乾，邊擠壓邊收集炒熟後的
    汁液。

20. 用刀將菠菜粗略剁碎。

21. 煮沸收集到的菠菜汁液，加入少許冷的金色麵糊
    使其融合，接著煮沸並煮到濃稠狀態。將菠菜加
    入濃稠的汁液中，使其融合。

22

24

23

25

26

蕎麥烹調

22. 切碎紅蔥頭。將紅蔥頭、月桂葉及百里香放進長柄鍋中,用奶油以大火翻炒一會兒。

23. 加入預先汆燙並瀝乾的蕎麥,翻炒數分鐘,使其呈現油亮狀態。

24. ……接著注入高湯。

25. 將其煮至沸騰後,轉為小火,不加蓋,再以文火滾煮 15 分鐘。在烹調至 3/4 的過程時,撒入鹽及胡椒粉。

26. 將韭蔥切成細丁,用一小塊奶油以大火極快速地翻炒。韭蔥應維持生鮮狀態。

27. 將蕎麥及韭蔥混合攪拌,接著加入 2 湯匙白醬。置於陰涼處保存。

「庫利比亞克」的內部組合

28. 將 6 張香料植物薄餅在邊長 60 公分的大張四方形保鮮膜上攤平(詳細步驟參見 p. 204 及 p. 103 配方)。

29. 在薄餅上鋪放一層 1 公分厚、與鮭魚柳尺寸相同的菠菜。以小的彎型蛋糕刮刀壓實並刮平菠菜,使其平順。

30. 開始鋪上一層蕎麥—韭蔥混料鋪層。

31. 將 2 片長方形的紙板平行放置,作為導引,接著完成蕎麥鋪層。

37

38

39

40

41

32. 鋪上一層非常薄的水煮蛋……

33. ……接著鋪上一層 1 公分厚的蘑菇鋪層。

34. 用刮刀將每一層鋪料整理平順。

35. 在兩張導引用的紙板之間放上鮭魚。覆上幾枝蒔蘿。

36. 冉將各鋪層反向堆疊：先鋪上一層蘑菇……

37. ……然後一層薄水煮蛋，以及一層蕎麥—韭蔥混料。

38-39. 移除導引用紙板，最後用菠菜覆滿整個組合配料。

40-41. 將薄餅翻摺於整個組合捲上，要仔細操作，使薄餅皆完整包裹住整個組合。

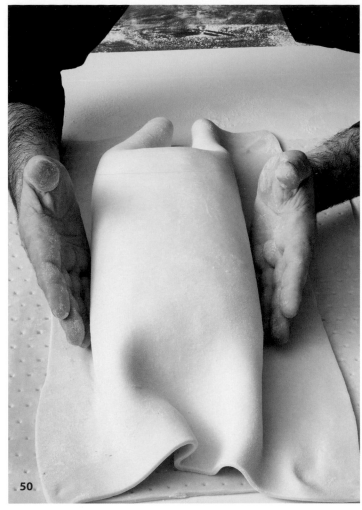

42. 切除香料植物薄餅多餘的邊角，使薄餅層彼此不重疊。

43. 用兩張香料植物薄餅覆蓋，使組合配料完全隱藏。

44. 將保鮮膜翻摺到「庫利比亞克」上，將其充分緊實地包裹起來，並置於陰涼處一整夜，以便固定整個組合配料的形狀。

「庫利比亞克」的外部組合

45. 將酥皮生麵團撒上麵粉，將其攤平成一個 30 × 50 公分的長方形。用派皮滾針在整個表面上穿刺。

46. 取下用來包裹「庫利比亞克」配料的保鮮膜，把它擺放在穿刺過的攤平生麵團中央。

47. 製作一張 40 × 60 公分的擀平生麵團。

48. 用刷子在整個組合配料的周圍刷上蛋黃液。

49. 將擀平生麵團直接放在組合配料上，使其完全覆蓋。

50-51. 仔細將生麵團鋪在表面上，使其與配料完美黏附，必要時可以將生麵團略微摺疊。

52. 確保上方的生麵團與下方攤平的生麵團充分黏合在一起，尤其必須塑造出分明的邊角。

53. 將所有多餘的生麵團切除。

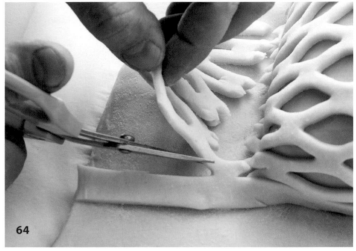

60

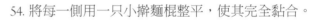

63

64

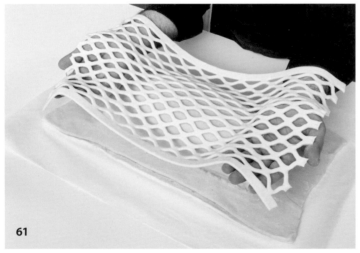

61

62

54. 將每一側用一只小擀麵棍整平,使其完全黏合。

55-56. 將另一塊小生麵團擀平成一張 40 × 60 公分的長方形,並用麵皮拉網刀滾過。

57. 小心將拉網刀滾過的擀平生麵團展開,形成網格。

58. 將網格加以修整,僅保留生麵團穿孔的部分及最外側的一條細邊(1 公分)。

59. 仔細將包覆配料的生麵團用大刷子刷上蛋黃液。

60. 將邊角用小刷子刷上蛋黃液。

61. 將網格生麵團放在「庫利比亞克」上。

62. 利用生麵團外側的細邊,將網格黏附於底部。

63. 務必使網格在每一長側的邊緣完美接合。

64. 將網格生麵團每一端的多餘部分切除,但勿切除外側的細邊。

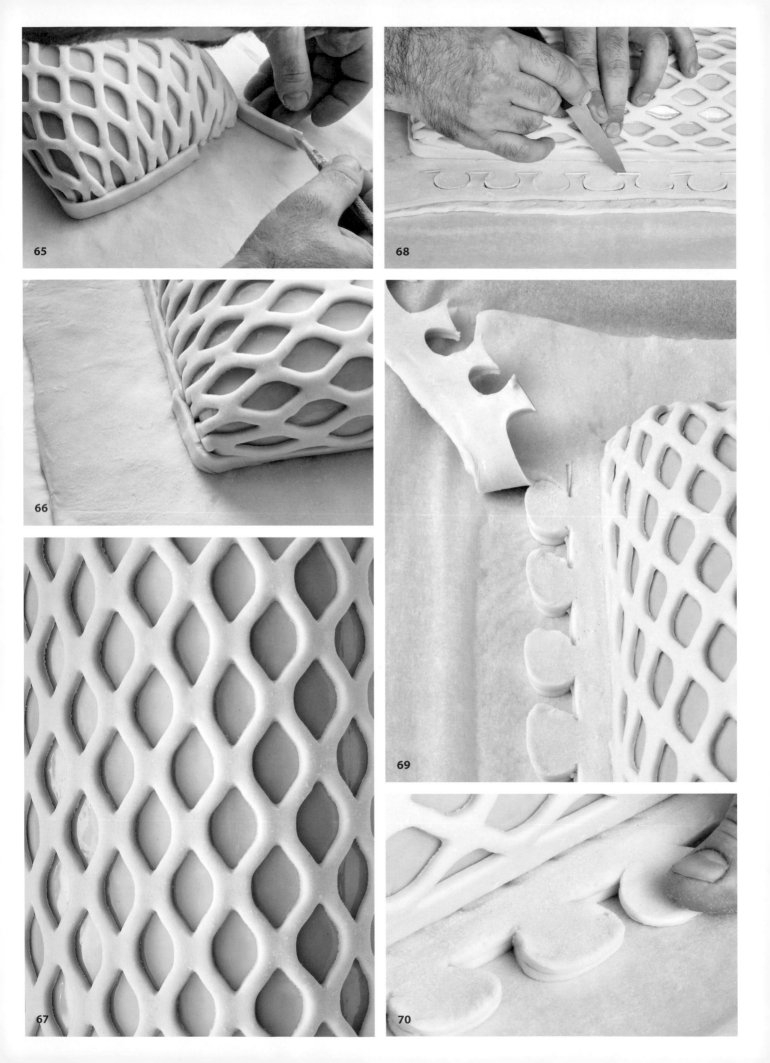

65

66

67

68

69

70

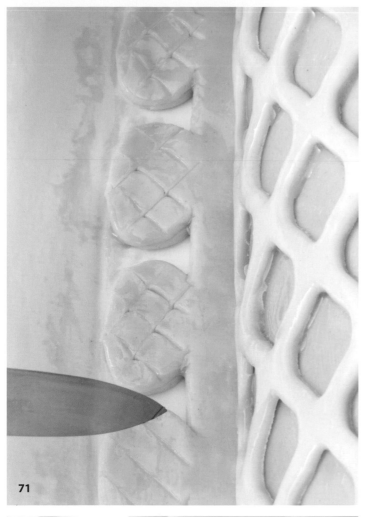

71

73

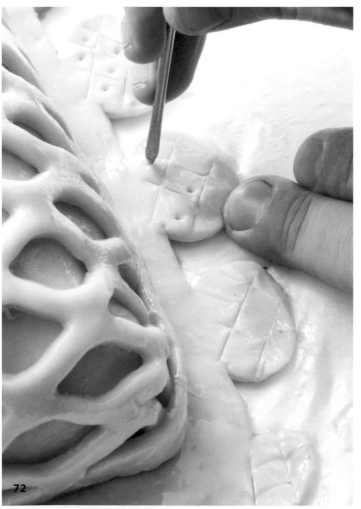

72

65. 將外側細邊刷上蛋黃液，接著把它摺於兩端，將網格封起。

66. 兩條外側的細邊應略微重疊，但勿重疊過多。按壓連接處，使其完美黏合。

67. 確保網格牢固黏附在生麵團上。

68. 在每隔 3 公分處放置 2.5 公分的標記（此處使用的是半根牙籤），接著切割出「小耳朵」。

69. 小心將外側生麵團移除，使「小耳朵」成形。

70. 將「小耳朵」用指尖輕壓。（勿忘將牙籤取下）

71. 再刷一層蛋黃液，但勿使蛋黃液流進網格內。置於陰涼處 10 分鐘，接著在每個「小耳朵」上面刻劃出菱形網狀圖騰。

72. 在刻劃於「小耳朵」上的每個菱形圖騰內，用粗縫針或竹籤戳刺出一個小點。生麵團的外圍邊緣也同樣加以穿刺。

73. 「庫利比亞克」已備妥，可進行烘烤（見 p.104）。

1

2

4

3

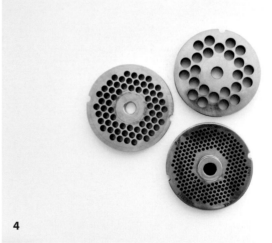

5

豬肉派 Tourte charcutière

詳見 p. 110 配方

豬肉餡製作
2 份肉派的量,所需材料為:
(由左而右)

- 1 公克四香粉
- 20 毫升紅波特酒
- 2 公克黑胡椒
- 1 或 2 片月桂葉
- 20 公克(1 串)新鮮去籽泰國產青胡椒
- 2 小枝百里香葉
- 1 顆雞蛋(此處圖示並未呈現)

1. 將比戈爾產黑豬胸肉及「奧堤札」牌的巴斯克產豬肩肉、鹽、百里香、新鮮去籽泰國產青胡椒、月桂、研磨胡椒粉、紅波特酒、乾燥迷迭香放入。

2. 將鹽溶於波特酒中,並加入其他香料。

3. 香料及肉充分混合攪拌。靜置於陰涼處一整夜。

4. 將肉絞碎。理想狀態下,用孔徑 10 號的刀盤絞碎豬胸肉,用孔徑 8 號的刀盤絞碎豬肩肉,以產生不同口感。不然的話,亦可將兩種肉用孔徑 8 號的刀盤一併絞碎。
   肝醬填餡部分,參見 p. 208 詳細步驟以及 p. 111 配方。用孔徑 6 號的刀盤絞碎肝醬填餡。

5. 將絞碎的肉及肝醬填餡一併放入調理盆,加入雞蛋,並用手混合攪拌。再加入新鮮青胡椒攪拌。如此一來肉餡便已備妥。

小牛胸腺及肥肝準備

6. 將小牛胸腺加以調味。

7. 放進平底鍋中用加熱至起泡的奶油以高溫油煎。置入烤爐內以 180°C 將每邊烘烤 5 分鐘。完成後,靜置放涼。

8. 將肥肝切出 2 塊美麗的長切片,尺寸為 2 公分厚、4 公分寬及 10 公分長的長方形。撒鹽。

9. 用葡萄籽油將兩面加以油煎上色。去除鍋底多餘的油份並用干邑焰燒。自鍋中取出後撒上胡椒,接著靜置放涼。

10

11

12

13

14

15

16

17

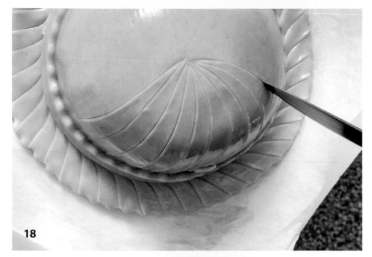

肉派的內部組合

10. 將小牛胸腺切成與肥肝相同的形狀。用汆燙過的菠菜葉捲起小牛胸腺，並盡可能完整包覆。用額外的 1 或 2 片菠菜葉重複此作法，按照相同方式將肥肝裹起。

11. 將肥肝與小牛胸腺一起捲進菠菜中，形成一個塊狀物。製作出兩個相同的塊狀物。用保鮮膜加以包裹，置於陰涼處保存。

12. 將豬肉餡對分。取一個直徑 12 公分，高度 3 公分的圓形切模，將香料植物薄餅放入圓形切模底部。

13. 預計每個切模放入 350 公克的肉餡。將肉餡攤平成薄薄一層（約 100 公克）。

14. 將組合放置於切模中央。

15. 用肉餡填滿切模，接著覆蓋肉餡，並塑造出圓頂形狀。用保鮮膜裹起，靜置於陰涼處數小時。

肉派的外部組合

16. 外部組合與「皮蒂維耶酥皮餅」相同（詳見 p. 256-269），差別在於沒有「小耳朵」裝飾。用滾輪刀裁切環繞肉派的生麵團，並在邊緣預留 2 至 3 公分。將整個表面都刷上蛋黃液，靜置於陰涼處至少 6 小時。

17-19. 在烹調前，再刷最後一次蛋黃液，並用刀尖與竹籤製作裝飾。

20. 肉派已準備完成，可進行烘烤。

高麗菜捲 Chou farci

詳見 p. 118 配方

製作肉餡所需材料為：

- 750 公克比戈爾產黑豬胸肉
- 750 公克科雷茲省產小牛肉塊
- 18 公克鹽
- 30 毫升白波特酒
- 3 公克研磨黑胡椒
- 2 小撮百里香葉
- 1 片半月桂葉

1. 將所有肉餡原料放入調理盆，置於陰涼處醃漬一整夜，接著絞成碎肉。

2. 將之前保留的汆燙損傷高麗菜莖及菜葉剁碎，加入肉餡中。

3. 將高麗菜葉攤平在一大張保鮮膜上，並使菜葉相互交疊。

4. 將整個肉餡以均勻的厚度平鋪一層在菜葉上。

5. 將小牛胸腺用辛香混料及少許鹽調味。

6. 放進平底鍋中用加熱至起泡的奶油以高溫油煎。置入烤爐內以 180°C 將每邊烘烤 5 分鐘。完成後靜置放涼。

7. 將小牛胸腺切成 5 公釐厚的薄片。

8. 在肉餡表面上平均排成 4 行。

9. 用高麗菜葉捲起所有混料，並塑造出勻稱的血腸形狀。

10. 將兩端加以修整。

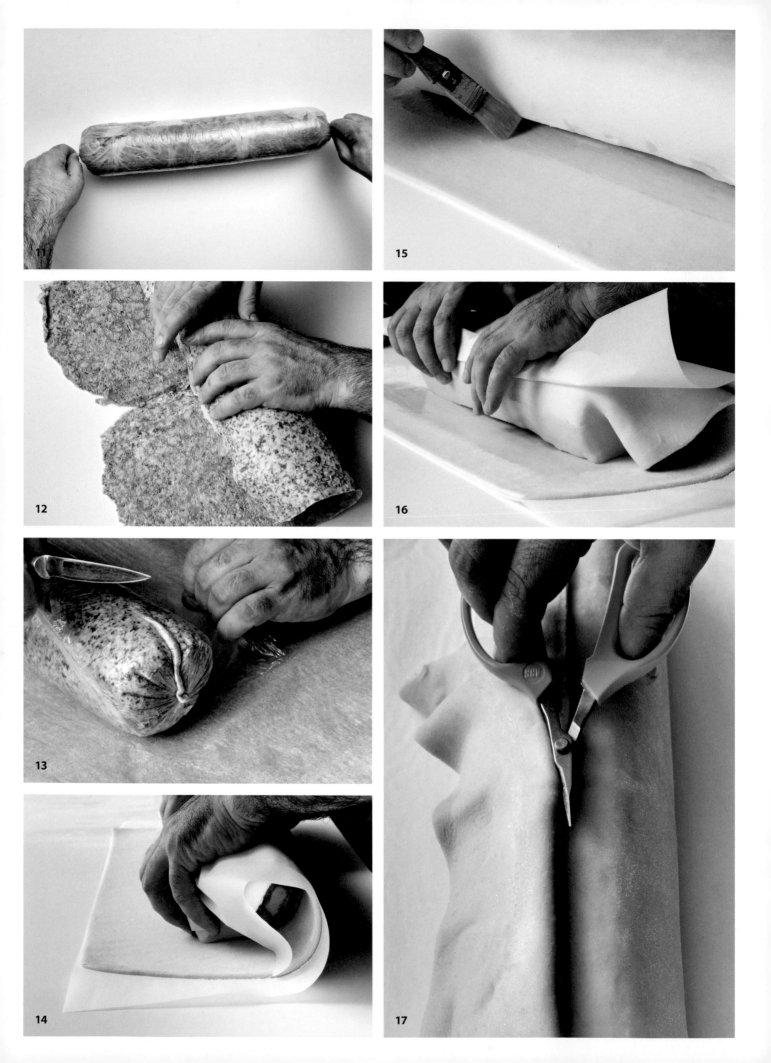

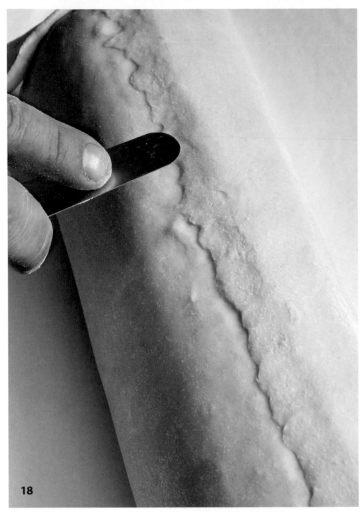

18

19

20

21

11. 將菜捲以保鮮膜緊實包裹，在上面扎出數孔以排出空氣，接著置於陰涼處保存一整夜。

12. 取下保鮮膜，並將菜捲以兩大張香料植物薄餅捲起。

13. 用保鮮膜緊實包裹，再置於陰涼處數小時。

14. 將一張 30 × 50 公分長方形的酥皮生麵團放在烤盤紙上。從保鮮膜中取出菜捲，並用酥皮生麵團捲起。

15. 當生麵團把菜捲包裹一圈時，在生麵團的整個長邊刷上蛋黃液，以便黏合。

16. 再輕捲生麵團，使其以蛋黃液黏合。

17. 剪除多餘的生麵團。

18. 用蛋黃液黏合生麵團，並碾壓「接縫處」好使其充分接合。

19. 讓生麵團緊緊包裹住菜捲。

20. 將生麵團的兩個末端內緣都刷上蛋黃液。

21. 將生麵團末端黏起並接合。

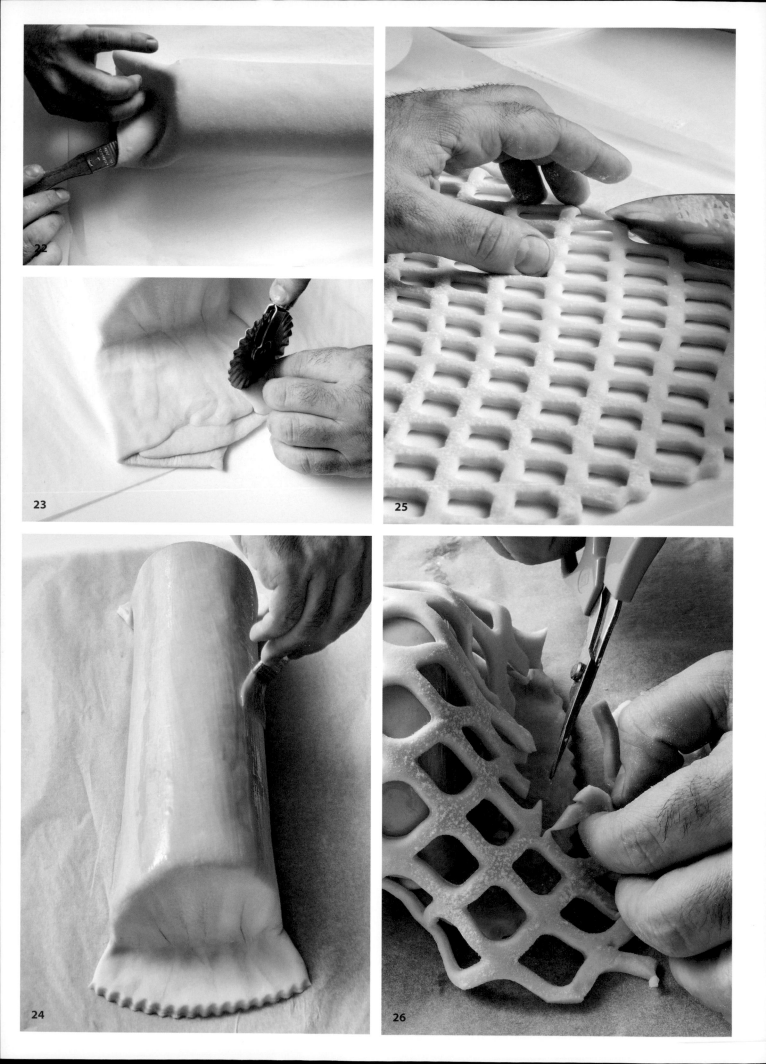

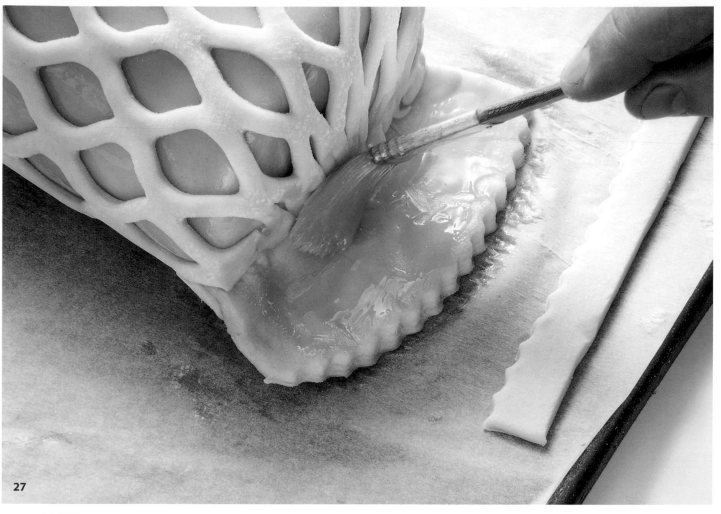

27

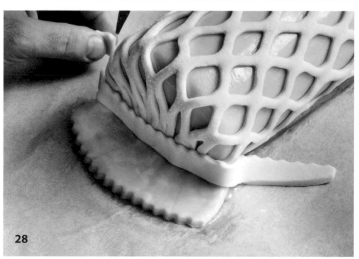

28

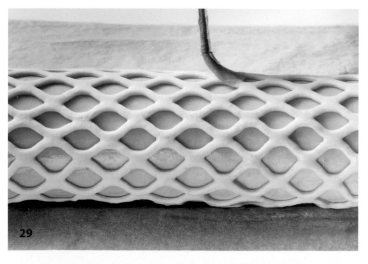

29

22. 將生麵團末端刷上蛋黃液,確保它們完美黏合。

23. 用擀麵棍擀平生麵團邊緣,將超出的多餘部分以滾輪刀切除,只留下 4 至 5 公分的邊。

24. 把整個組合都刷上蛋黃液。

25. 將另一塊小的酥皮生麵團擀平成 30 × 50 公分的長方形,接著用麵皮拉網刀滾過,形成網格。亦參見 p. 252-253。將少許生麵團保留於完成階段使用。

26. 將網格貼附在組合上並調整尺寸。將網格與組合的末端加以黏合。

27. 將網格底部刷上蛋黃液。

28. 將網格底部用滾輪刀裁切,留下 1 公分寬的細邊,並重複此操作。

29. 把整個表面都刷上蛋黃液,但勿使蛋黃液流進網格內。置於陰涼處 10 分鐘,再次刷上一層蛋黃液後,才進行烘烤。

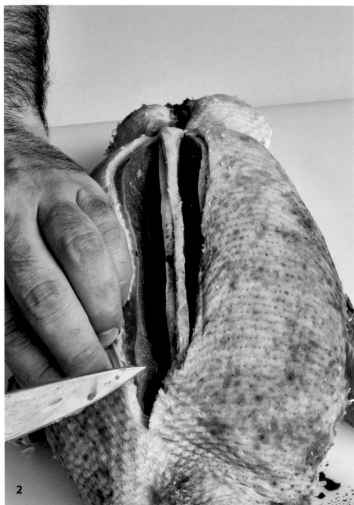

皮蒂維耶酥皮餅 Pithiviers

詳見 p. 122 配方

鴨肉準備及濃鴨汁：

- 1 隻 3.5 公斤血鴨
- 1/2 顆洋蔥
- 1/2 根胡蘿蔔
- 1/2 枝旱芹
- 1 瓣蒜頭
- 1/2 大匙濃縮番茄糊
- 1 根蓽拔、5 顆杜松子、5 公克砂拉越黑胡椒粒、1 根丁香、2 瓣大茴香（八角）及些許肉桂碎片
- 1/2 瓶波爾多產紅酒
- 2.5 公升雞高湯

1. 摘下鴨腿。

2. 取下鴨柳。

3. 剝下鴨柳皮。

4. 保留鴨腿及鴨柳。

5. 取鴨胸骨並清空內部，同時亦取下鴨皮及所有碎肉。

6-7. 將辛香配料一起切成小丁，用奶油以小火翻炒，但不上色。

8. 加入碾碎的胸骨。以略旺的大火翻炒數分鐘。

9. 加入濃縮番茄糊及香料。

10. 混合攪拌片刻使番茄糊化開，撒鹽並倒入紅酒。

11. 收汁至一半的量，再注入雞高湯。以最小的文火持續燉煮 5 至 6 小時。接著以濾網過濾，靜置放涼。撈除表面浮油。

12

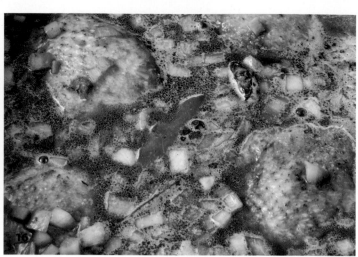

16

13

17

14

18

15

19

23

20

21

22

油封鴨腿烹調

12. 以焦化奶油將鴨腿煎出金黃色澤。

13. 取出鴨腿，去除多餘油脂並加入辛香配料，以大火翻炒片刻，加入濃縮番茄糊。

14. 再重新放入鴨腿並倒入紅酒。

15. 加入雞高湯至覆蓋鴨腿的高度。放進香料。

16. 以最小的文火燉煮 3 小時。取出鴨腿，以濾網過濾湯汁，靜置放涼，撈除表面浮油。將兩種鴨汁（鴨腿及鴨胸骨）混合在一起，接著將其收汁成濃稠糖漿狀。

肉餡

17. 剝除鴨腿皮並將鴨腿去骨。剔除筋膜。將腿肉切成小塊。

18. 充分清理羊肚菌。

19. 將其對切並以奶油快速炒熟。加蓋，用小火烹煮 10 分鐘……

20. ……接著切成小塊。

21. 將步驟 17 中的鴨腿、羊肚菌及剁碎的歐芹攪拌混合。

22. 將蔬菜細丁（胡蘿蔔及旱芹）用少許奶油以大火翻炒。待其出水時，便加入紅蔥頭及蒜頭。胡蘿蔔要持續燉煮至幾乎熟透。加入一大匙濃鴨汁，持續烹煮直至胡蘿蔔軟爛。

23. 將此備料加入鴨腿、羊肚菌及歐芹中。

31

32

33

34

35

菠菜準備

24. 將菠菜放進煮滾的鹽水中氽燙 30 秒，浸入冷水冰鎮、瀝乾並攤平在廚房紙巾上。

25. 將數片菠菜葉堆疊在一起，用兩個直徑 10 公分、高 6 公分的切模予以切割。在圓形模具底部放入菠菜葉。

26. 每個切模內放 250 公克的肉餡。
   將肉餡等量分成兩份，分別放進兩個模具內。

27. 將表面整平。

鴨柳組合

28. 用焦化奶油將鴨柳的兩面以高溫油煎。

29. 接著用干邑焰燒。

30. 鴨柳應充分呈現金黃色澤，卻仍保持生肉狀態。

31. 將鴨柳心切成厚片。

32. 最後兩端切成直徑 10 公分的圓片。

33. 將鴨柳放在肉餡上。

34. 在模具外部劃一條線，以標示鴨柳最長的部位（第 33 項步驟的圖示中 9 點鐘及 3 點鐘的方位）。在波札餐廳，我們使用的模具有接縫線，便是為此而設（可見於第 42 項及第 43 項步驟的圖示），但亦可使用馬克筆劃一條線。

35. 將其以重物加壓（可使用裝滿粗鹽的容器作為重物）。

36

39

37

40

38

41

42

43

鵝肝烹調

36. 將肥肝塊兩面以少許葡萄籽油高溫油煎。

37. 去除油脂。

38. 用干邑焰燒。

39. 自鍋內取出。撒上鹽、胡椒。

40-41. 仍使用切模,將肥肝塊加以裁切並組合(大塊的置中),以取得 2 個直徑 10 公分的圓厚片。

42. 將肥肝放在鴨柳上,並將切線與鴨柳的切線對齊,使肥肝塊最長部位與鴨柳最長部位對齊。如圖所示,切模的接縫線可作為參考標記。

43. 再切一層菠菜,將其覆蓋於肥肝和鴨柳的組合上。

44. 將整個備料用保鮮膜充分緊實包裹起來,將組合配料塑造出美麗的形狀,置於陰涼處保存一整夜。

44

45

46

47

48

49

50

51

52

53

「皮蒂維耶酥皮餅」組合

45. 將千層酥皮生麵團擀平成 2.5 公釐的厚度。再分別裁切出直徑 18 公分與 28 公分的兩個圓片。

46. 將較小的圓片用派皮滾針穿刺出小孔。

47. 將香料植物薄餅鋪放在擀平生麵團中央——此舉有利於吸收肉餡的溼氣。

48. 將未脫模的組合放在生麵團上，以便劃設切模接縫線或標線延伸後的參考標記，先劃在生麵團上，接著繼續劃在紙上。

49. 將組合配料脫模。

50. 將脫模的組合放置於中央，在生麵團表面刷上蛋黃液。勿忘參考標記（詳見配方）。

51. 將第二片擀平的生麵團覆蓋於其上。

52. 將生麵團壓實以充分排出空氣。

53. 確保生麵團完美黏合。

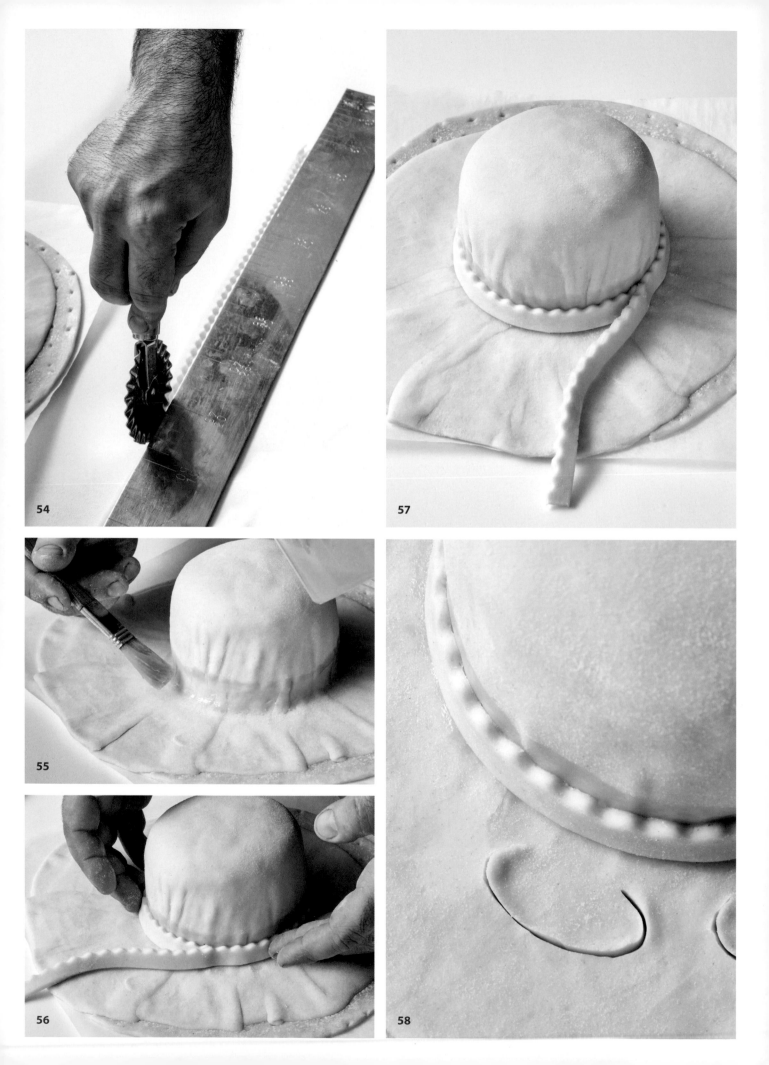

54

55

56

57

58

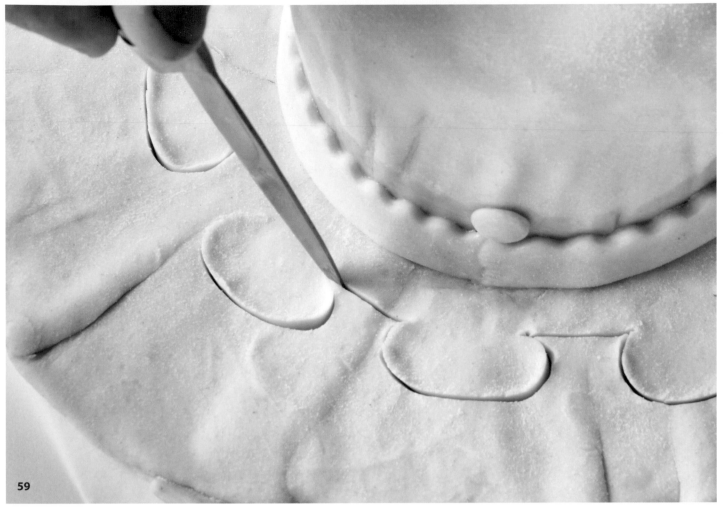

59

60

61

54. 用滾輪刀裁切出一條 1 公分寬的帶狀生麵團，僅裁切一側。

55. 在圓頂基底刷上蛋黃液，並將帶狀生麵團環繞貼附一圈。

56-57. 將多餘的帶狀生麵團切除，使其略微重疊於末端，以便加以黏合。接著在接合處沾黏一小塊生麵團，作為參考標記（可見於第 60 項步驟，對應於第 43 項、第 48 項及第 50 項步驟中的參考標記）。如此便可在上菜並切割「皮蒂維耶酥皮餅」的時候，形成漂亮且完整的鴨柳及肥肝切片，此外，亦得以避免讓帶狀生麵團的接合處位於餐盤中所切分餅塊的正中央。

58. 沿著「皮蒂維耶酥皮餅」將生麵團裁切出鋸齒狀。先從未封閉的橢圓開始。

59. 接著劃切短線將其連接（可見參考標記）。

60. 一一劃切後便可將外部多餘的生麵團精巧剝離。

61. 用手掌將鋸齒狀部位充分壓平，使兩層生麵團得以完美黏合。

62

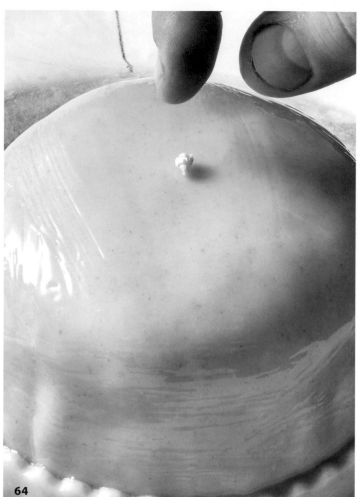

64

63

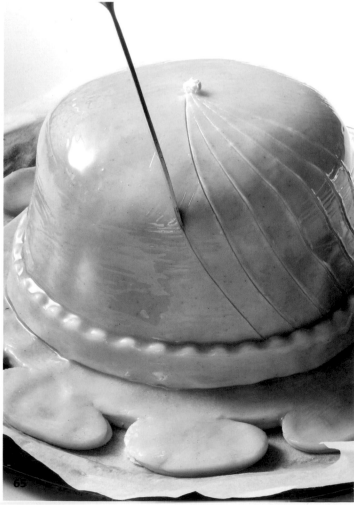

65

66

68

67

62. 將整個表面刷上蛋黃液。麵團裝飾務必也要刷上，以確保烹調時仍完美黏合。靜置於陰涼處至少 6 小時。

63. 重新刷上一次蛋黃液。

64. 在「皮蒂維耶酥皮餅」的頂部放置一個標記，以標示中心位置。

65. 由底部開始刻劃曲線，連接至「皮蒂維耶酥皮餅」頂部的標記。依此作法，如法炮製於整個表面。

66. 用刀尖在鋸齒狀部位刻劃出菱形網狀圖騰。

67. 用竹籤在每個刻劃的菱形圖騰中央刺出小孔。

68. 「皮蒂維耶酥皮餅」已備妥，可進行烘烤。

主題索引　Index thématique

索引（按字母排序）　Index alphabétique

卡倫與娜妮・李

　　卡倫・托洛桑於 18 歲時來到比利時，當時他連一句法文也不會說。他白天在布魯塞爾的餐館工作，晚上則在一間餐飲學校上課。他加入了「布魯諾」（Bruneau）餐廳，很快成為尚－皮耶・布魯諾（Jean-Pierre Bruneau，米其林二星）的副主廚。兩年後，他加入了「森林小屋」（Chalet de la Forêt，米其林二星），成為帕斯卡・德沃肯尼爾（Pascal Devalkeneer）主廚的班底，2010 年，他成為「波札餐館」（Bozar Brasserie）的主廚。2013 年，該餐館榮獲《戈和米約》（Gault&Millau）美食指南評比為比利時最佳餐館，而在 2015 年，卡倫・托洛桑奪得法式肉派世錦賽冠軍。

　　2016 年，他在比利時的《米其林指南》中首度摘下米其林一星，而在 2018 年，他將這間餐廳買下，並更名為「波札餐廳」（Bozar Restaurant）。他於 2023 年摘下米其林二星的殊榮。